QIMIAO DE HUAXUE TIANDI

本书编写组◎编

奇妙的化学天地

世界图书出版公司
广州·北京·上海·西安

揭开未解之谜的神秘面纱，探索扑朔迷离的科学疑云；让你身临其境，受益无穷。书中还有不少观察和实践的设计，读者可以亲自动手，提高自己的实践能力。对于广大读者学习、掌握科学知识也是不可多得的良师益友。

图书在版编目（CIP）数据

奇妙的化学天地/《奇妙的化学天地》编写组编．—广州：广东世界图书出版公司，2009. 11（2024.2 重印）

ISBN 978－7－5100－1205－1

Ⅰ．奇… Ⅱ．奇… Ⅲ．化学－青少年读物 Ⅳ．O6－49

中国版本图书馆 CIP 数据核字（2009）第 205432 号

书　　名	奇妙的化学天地 QIMIAO DE HUAXUE TIANDI
编　　者	《奇妙的化学天地》编写组
责任编辑	康琬娟
装帧设计	三棵树设计工作组
出版发行	世界图书出版有限公司　世界图书出版广东有限公司
地　　址	广州市海珠区新港西路大江冲 25 号
邮　　编	510300
电　　话	020-84452179
网　　址	http://www.gdst.com.cn
邮　　箱	wpc_gdst@163.com
经　　销	新华书店
印　　刷	唐山富达印务有限公司
开　　本	787mm × 1092mm　1/16
印　　张	10
字　　数	120 千字
版　　次	2009 年 11 月第 1 版　2024 年 2 月第 10 次印刷
国际书号	ISBN　978-7-5100-1205-1
定　　价	48.00 元

前　言

大千世界都是由物质组成的。从日常所需的生活用品，到人们赖以进行生产的生产资料；从大自然的树木、花草、鸟兽，到岩石、高山、大海，从地球上的万物到茫茫宇宙中的太阳、月亮等星球……都是物质。化学就是研究物质及其变化，它不仅要研究自然界已经存在的物质及其变化，还要根据需要研究和创造不存在的新物质。

古时候，原始人类为了生存，在与自然界的种种灾难进行抗争中，发现和利用了火。原始人类从用火之时开始，由野蛮进入文明，同时也就开始了用化学方法认识和改造天然物质。燃烧就是一种化学现象。掌握了火以后，人类开始食用熟食；继而人类又陆续发现了一些物质的变化，如发现在翠绿色的孔雀石等铜矿石上面燃烧炭火，会有红色的铜生成。这样，人类在逐步了解和利用这些物质的变化的过程中，制得了对人类具有使用价值的产品。人类逐步学会了制陶、冶炼；以后又懂得了酿造、染色等等。这些有天然物质加工改造而成的制品，成为古代文明的标志。在这些生产实践的基础上，萌发了古代化学知识。

自然界的物质时时刻刻都在发生变化。自人类学会创造和使用工具之后，自然界的变化就更迅速更广泛了。现在我们使用的每样物品，几乎都是从无用或不大有用的原始状态，转变成外观完全不同而又颇为有用的状态。桌子是用木材做的，茶杯是用瓷土烧制的，纸张是用竹、木、麻、草造的……化学在保证人类生存并不断提高人类的生存质量方面起着重要作用。例如，利用化学生产化肥和农药，以增加粮食的产量；利用化学合成药物，以抑制细菌和病毒，保障人体健康；利用化学新能源和新材料，以改善人类的生存条件；利用化学综合应用自然资源和保护环境，以使人类生活的更加美好。

闻名中外的桂林七星岩和芦笛岩，杭州新景点瑶林仙境，以及各地各具特色的石灰岩溶洞中，石笋林立，钟乳多姿，宛如神化世界。这绚丽多姿的奇景，都是大自然化学变化的杰作。本书从多角度来展现化学世界，通过本书的阅读，希望能够带你进入一个奇妙的化学天地中……

自然界是多姿多彩、无限多样的。对很多人而言，研究自然界的化学就像一团迷雾，它充满魔幻与神秘、激情与梦想、复杂与变化。

目 录

Contents

生活与化学

奇特现象

环境污染

发现与发明

趣味化学

生活与化学

人体是化学有机体

人是有生命的物质，人体也跟其他物质一样，都是由化学元素组成的。

人的生命是经过漫长的年代才最终进化成的，是大自然创造的杰作。生命是随着地球50亿年的进化发展而来的，最初的地球到处都是由化学物质组成的，即没有任何生命的迹象，这些与生命没有任何关联的化学物质我们叫它无机物。又经过了数以亿计的岁月，从地球火山喷发后温暖的海水里，无机物经过复杂的变化终于萌发出了生命最初的胚胎——一种蛋白质。生命一旦开始了，便不断地向前发展着，它们不断地吸收营养物质，进化着自己，从蛋白质、单细胞、多细胞、植物、动物，一切生物都在无机物的世界里产生出来。

人进化到今天，正是由于吸收了大量的无机物质经过复杂的生物化学转化才形成了这样高智商的灵长类的有机物，可以说，人是最复杂的有机物。

现在我们所知的130多种元素中，在我们人的身体里含有60多种。当然，这60多种元素依据人体这个复杂的有机物各部分对它们的需要的不同而含量不同，并且差别很大。含量最多的氧元素占身体总重量的65%；含量少的钴（Co）元素还不到10亿分之一。我们通常把含量高于万分之一的元素，叫宏量元素；含量低于万分之一的元素，叫微量元素。

人体中的宏量元素共有11种，它们是氧、碳、氢、氮、钙、磷、钾、硫、钠、氯、镁。

宏量元素的差别也是很大的，其中氧、碳、氢、氮就占了人体总重量的96%，其他7种占了3.92%，合起来11种元素占人体总重量的99.95%。人们通常把碳、氢、氧叫做“生命的三要素”，把人称为“碳水化合物”，就是指人体中的主要元素成分而言的。

人体里的元素，也并非都是有益而必需的。除11种宏量元素和部分微量元素是必需的外，有些微量元素并非是必需的。还有像镉Cd、汞Hg、铅Pb等十几种元素都是有毒的。但这些不必要的元素为什么存在于人体中，它们对人体真的没有用处吗？这些还有待于科学家进一步从整体上研究发现。

宏量元素都是地位显要的必需品，但需要量是有一定限制的，并非多多益善。对于急需抢救的休克病人或初生的窒息婴儿来说，呼吸纯氧是必要的，以便促其呼吸作用的进行。但对于健康人来说，呼吸100%的纯氧非但无益，反而有害。因为纯氧会损伤肺部功能。食盐中所含有Na^+和Cl^-离子，都是人所必需的，正常人每天需摄入6~12克食盐以维持平衡。但若摄入过量，人就要大量吸收水分以维持渗透作用的平衡，整个血液容量就会增加，从而使心脏负担加重，以致诱发或加重心脏病。因此，医生总要叮嘱那些心脏病、高血压（特别是出现浮肿的肾炎）患者，采用低盐或无盐饮食。

还有许多的宏量元素我们的生活中也经常接触，如钙Ca，它是人体骨骼的主要成分，它的吸收和存在，有利于人身体发育。现在许多含钙食品就是针对正在发育期的青少年儿童通过补钙的形式促进骨骼的发育、壮大。

除了宏量元素是人体中不可或缺的，其他的微量元素也在人体的长期生物进化中形成的吸收利用机制中起着重要的作用，它不是由其是宏量元素还是微量元素来决定。它们都是处于一个身体内部联系紧密的有机整体，共同发挥着作用。

例如铁，在人体中的含量微乎其微，仅占人体的0.004%，但它却是血红蛋白的一个重要成员，没有铁，血红蛋白就难以形成，通过呼吸进入体内的氧，也就无法输送到全身的各个细胞中去了，这将危及人的生命。如果血液中的含铁量不足时，就会产生缺铁性的贫血，导致血液流通不畅，血液供氧能力减弱，甚至暂时停止。缺铁性贫血的人往往脸色苍白，严重的会产生晕倒的现象。如果儿童有轻度缺铁，就会使脑供血不足，使其注意力降低，影响学习的效果。

但如果人体中只有足够的铁而缺铜也是不行的。没有了铜，人的造血机能同样会受到影响造成贫血现象。人体中铜含量更少，还不到铁的1/60，它以 Cu^{2+} 的离子形式存在。

我们熟悉的生物体内的酶就是进行生物化学反应的催化剂。在人类已知的上千种酶中，大多含有金属的成分。人体中有的酶就含有铜 Cu^{2+} 离子，如抗坏血酸氧化酶、细胞色素氧化酶等。如果缺了铜，酶的催化作用就不存在了。

在日常生活中，有的局部皮肤色素脱失的白癫疯病人，就是缺铜所引起的，所以医生有时要用硫酸铜 $CuSO_4$ 来治疗。体内缺铜还会引起头发变白、动脉硬化、胆固醇升高等病症。

当然，无论是铁、铜还是别的微量元素都是依据人体的需要量决定的，都有一定比例，过犹不及。如铁过多，会使人恶心、呕吐；铜含量过高，会引起人中毒，甚至死亡。

现阶段，人类已查明的必需的微量元素有十种，它们是铁、锌、铜、铬、锰、钴、氟、钼、碘、硒，前四种可称为生命攸关的“四大金刚”。已查明的有毒元素有十多种，它们是镉、汞、铅、锗、锡、锑、铝、铋、镓、铟、铊等，它们的有毒性也是指超过一定比例而言的，在一定范围内它们的毒性对人体有何作用，这是科学家正在进一步研究的问题。人体中还有许多元素在人体中的本领还未被人类查清。

可见，人的身体是一个按比例配成的化学有机体。各种化学成分都起着特定的功能，不能多，也不能少，真可谓“增一分则太多、减一分则太少”，所以人体健康的秘密就在于“恰到好处”地维持身体里元素的平衡。

变幻的色彩

我国是世界文明古国之一，绘画颜料的使用也有悠久的历史。从河南省渑池县仰韶村发掘的著名彩陶中，就绘有红黑相间的彩色图案，证明我们的祖先在5000多年以前就已经懂得用彩色颜料绘画了。经考证，当时使用的那种黑色颜料是炭粉，红色颜料是赤铁矿（主要成分是 Fe_2O_3），古人把它称之为“红赭石”。

后来人们在自然界里又发现了一种红色颜料——朱砂，它比红赭石的颜色更鲜艳。朱砂的化学成分是硫化汞（HgS）。由于它色彩绚丽，经久不变，所以一直倍受画家珍重。在书画上盖的印章，所用的印泥也是用朱砂做的。古老的字画，由于年代久远，其画纸已变色泛黄，但是那上面的印章却仍是红艳艳的。

我国著名的敦煌壁画上那婆娑起舞的飞天，堪称世界艺术珍品。但是，那些仙女的面庞和肌肤大都是灰黑色，这真是怪事！

敦煌壁画图

原来，这些画面上的灰黑色物质是硫化铅（PbS）。可当初涂上去的并不是硫化铅，而是一种有名的白色颜料——铅白，即碱式碳酸铅。它有很强的覆盖力，涂抹之处，真可谓白得耀眼，由于长期受空气中微量硫化氢气体的腐蚀（煤燃烧、动植物腐烂时都有硫化氢产生），由白色渐渐变成灰黑色。

博物馆里陈列的油画，时间久了，白色画面渐渐变得黯然无光，也是同样的道理，遇到这种情况，不要着急，请你取一块软布，蘸上双氧水，在画面上轻轻擦拭，就可以使画面旧貌换新颜，恢复青春。因为具有强氧化性的双氧水能把黑色的硫化铅氧化成为白色的硫酸铅。

不过，为了保持古代文物的原貌，我们一般不这样做。

同样的现象也发生的在欧洲的美术馆中。意大利的博物馆里，珍藏着许多文艺复兴时期的名画，参观者惊奇地发现，有的画面上的天空不是通常见到的蔚蓝色，而是翠绿色。

原来，古代画家所使用的蓝色颜料是一种叫“铜蓝”的矿石，它的化学成分是硫化铜（CuS）和硫化亚铜（Cu_2S），这两种硫化物的性质不稳定，在空气中二氧化碳和水蒸气的作用下，日久天长，能慢慢变成绿色的碱式碳酸铜［$CuCO_3 \cdot Ca(OH)_2$］，于是“蓝色天空”就渐渐变成了“绿色天空”。

更奇怪的一幅画是艺术大师米开朗基罗花数年精心创作的巨幅壁画《创世纪》。就在这组奇珍异宝般的壁画中，有一幅除了和其它壁画一样，具有无穷艺术魅力以外，还有一种“特异功能”：它能相当准确地预示天气的变化。当地人发现，若壁画中人物服饰处的淡红色逐渐隐退并转变成艳丽的蓝色，那么，即使当时云雾缭绕、阴云密布，出门时也大可放心地不带雨具；反之，若壁画人物服饰处的蓝色变成淡红色时，则预示着天可能要下雨了。

壁画《创世纪》局部

这幅壁画为什么会预报天气呢？化学家找到了问题的答案，原来，在米开朗基罗所用的颜料之中，偶然混进了二氯化钴。含有结晶水的二氯化钴显红色，而无水二氯化钴则显蓝色。每当天将下雨的时候，空气中湿度上升，画中蓝色的无水氯化钴便吸收水分，形成淡红色的水合二氯化钴，而颜料中水合二氯化钴里的结晶水逐渐蒸发掉，恢复蓝色，则是空气干燥，天将放晴的明证。

英国的一位建筑师在给外墙面粉刷的水泥中加了一些二氯化钴，别出心裁地将变色原理和色彩原理结合，创作了一幅“季节”随天气变化的风景画。每当秋高气爽时，天气干燥，二氯化钴水合物就失去了水分，由红转蓝，蓝色与水彩颜料里的黄色互补成为绿色，为人们献出已经逝去的盎然春色。而当春夏季节来临时，湿度较大，二氯化钴又吸收水分，由蓝色转变成红色，红色与黄色融为一体，风景画又为人们带来象征丰收的秋天特有的一片橙色。

奇妙的水果“味”

自然界里的水果五颜六色，有绿的、红的、黄的、紫的等等。它们以浓郁的馨香和酸甜可口的味道惹人喜爱。

如果有人问您：“水果为什么有香、酸、涩、甜等味道？”您能回答出来吗？

香——在水果这个“小王国”里，藏着许多芳香物质。这些芳香物质从水果里钻出來，就使水果散发出迷人的香气。例如，苹果能挥发出丁醇等一百多种芳香物质，香蕉能挥发出乙酸异戌酯等200多种芳香物质。

酸——青绿未熟的水果，吃起來酸溜溜的。这是因为它们含有大量的果酸。例如，苹果、梨、桃中含有很多苹果酸，甜橙、柑桔中含有大量的柠檬酸，葡萄中含有大量酒石酸。随着水果的成熟和经过较长时间的贮存，有些酸会发生分解，因而酸味逐渐减轻。

涩——青绿未熟的柿子、李子、香蕉，吃起来并不酸，而是使舌头麻酥酥的，特别是果皮，这是单宁酸和鞣酸在作怪。单宁物质刺激人的味觉，便

五颜六色的水果图

产生了强烈的涩味。水果成熟后，单宁物质与其他挥发物质结合成不溶性物质，涩味便消失了。

甜——水果的甜味是糖引起来的。其中主要是蔗糖、果糖和葡萄糖。一种水果一般以含一种糖为主。例如柑桔和葡萄主要含葡萄糖，芒果和菠萝主要含蔗糖，无花果和枇杷主要含果糖。

另外，水果中还含有大量的维生素和矿物质，是开胃健脾的好食品。

铜锅铁锅和铝锅

厨房里有各种各样的锅：煮饭锅、炒菜锅、蒸锅、高压锅、奶锅、平锅……不过，从制造的原料来看，一般只有铁锅和铝锅这两种。

过去，人们还使用过铜锅。人类发现和使用铜比铁早得多，首先用铜来做锅，那是很自然的。在出现了铁锅以后，有的人还是喜欢用铜锅。铜有光泽，看起来很美观。在金属里，铜的传热能力仅次于银，排在第二位，这一点胜过了铁。用铜做炊具，最大的缺点是它容易产生有毒的锈，这就是人们说的铜绿。另外，使用铜锅，会破坏食物中的维生素 C 。

随着工业的发展，人们发现用铜来做锅实在是委屈了它。铜的产量不

铁 锅

多，价格昂贵，用来做电线，造电机，以至制造枪炮子弹，更能发挥它的特点。于是，铁锅取代了铜锅。

在农村，炉灶上安的大锅是生铁铸成的。生铁又硬又脆，轻轻敲不会瘪，使劲敲就要碎了。熟铁可以做炒菜锅和铁勺。熟铁软而有韧性，磕碰不碎。生铁和熟铁的区别，主要是含碳量不同。生铁含碳量超过1.7%，熟铁含碳量在0.2%以下。铁锅的价格便宜。40多年前，在厨房里的锅，几乎全是铁锅。铁锅也有它的缺点，比较笨重，还容易生锈。铁生锈，就好像长了癞疮疤，一片一片地脱落下来。铁的传热本领也不太强，不但比不上铜，也比不上铝。

现在厨房里的用具很多都是铝或铝合金的制品，锅、壶、铲、勺，几乎全是铝质的。但是，在1个世纪以前，铝的价格比黄金还高，被称为“银白色的金子”。

法国皇帝拿破仑三世珍藏着一套铝做的餐具，逢到盛大的国宴才拿出来炫耀一番。发现元素周期律的俄国化学家门捷列夫，曾经接受过英国皇家学会的崇高奖赏——一只铝杯。这些故事现在听起来不免引人发笑。今天，铝是很便宜的金属。和铁相比，铝的传热本领强，又轻盈又美观。因此，铝是理想的制作炊具的材料。

有人以为铝不生锈。其实，铝是活泼的金属，它很容易和空气里的氧化合，生成一层透明的、薄薄的铝锈——三氧化二铝。不过，这层铝锈和疏松的铁锈不同，十分致密，好像皮肤一样保护内部不再被锈蚀。可是，这层铝锈薄膜既怕酸，又怕碱，所以，在铝锅里存放菜肴的时间不宜过长，不要用来盛放醋、酸梅汤、碱水和盐水等。表面粗糙的铝制品，大多是生铝。生铝是不纯净的铝，它和生铁一样，使劲一敲就碎。常见的铝制品又轻又薄，这是熟铝。铝合金是在纯铝里掺进少量的镁、锰、铜等金属冶炼而成的，抗腐蚀本领和硬度都得到很大的提高。用铝合金制造的高压锅、水壶，已经广泛在市场上出卖。近年来，商店里又出现了电化铝制品。这是铝经过电极氧化，加厚了表面的铝锈层，同时形成疏松多孔的附着层，可以牢牢地吸附住染料。因此，这种铝制的饭盒、饭锅、水壶等，表面可以染上鲜艳的色彩，使铝制品更加美观，惹人喜爱。

铝锅也有它的坏处，吃多了铝，容易得老年痴呆。所以大家最好用不锈钢的锅。

有一句老话，隔夜酒会死人。在农村里还很流行用铅壶装酒。大家千万要注意，如果吃了以后先会肚子疼，去医院医生很可能看不出你的病因。其实这就是所谓的“铅中毒”。

五彩缤纷的玻璃世界

我们的祖先在3000多年前就已经能够制造玻璃了，在距今3000多年的西周就已将白色穿孔的玻璃珠作为装饰品了。在古埃及的遗迹古墓中掘出了距今5500年的玻璃珠。

玻璃最早是由砂子和天然碱制成的，是由人工制造成的复杂的硅酸盐混合物，一般的玻璃可用 $Na_2O \cdot CaO \cdot 6SiO_2$ 表示。玻璃不是晶体，也不是液体，而是一种过冷的液体，或者是一种未结晶的粘滞液体，称作玻璃态物质。玻璃没有确定的熔点，在一定的温度范围内逐渐软化，在软化时，可以将玻璃加工成各种形状。

制造玻璃的原料有石英（或长石）、石灰石、纯碱。炼制过程中还要加辅料，如为了消除玻璃中的气泡，要加入“澄清剂”，常用的澄清剂有砒霜、芒硝。这些物质受热分解产生很多气体，这些气体形成大气泡可以将玻璃中的小气泡带走。制造特种玻璃还要填加不同的原料。

玻璃具有许多特殊的性质。玻璃的化学性质稳定，除氢氟酸和热的磷酸外，玻璃几乎耐任何酸、碱的腐蚀。在食品工业和医药工业多采用它作包装。

普通的玻璃受急热或急冷会炸裂，这是个缺点，但是我们也可利用这个性质来切割玻璃。生产中，玻璃管子从炉池中用拉管机不断地拉出来，在末端切割成一段一段的，只需用蘸水的金属去划一下刚拉出来的热的玻璃管子，就会受急冷而裂断。石英玻璃的膨胀系数小，所以急热和急冷不会炸裂。

玻璃的硬度仅次于金刚石、碳化硅等磨料，比一般的金属硬。玻璃硬度虽然很大，但是很脆，不耐冲击，所以在出土文物中玻璃制品较少。

五颜六色的玻璃

玻璃的透光性能好。光在玻璃中会发生折射，因此制造光学仪器和设备的玻璃不是一般的普通玻璃，而要用特殊制造的光学玻璃。制造光学玻璃时，原料中不能含有铁之类的杂质。有时要加入稀土原料，如氧化镧等。熔炼过程中要不停地搅拌，防止气泡产生。有些高级光学玻璃要用比黄金还要贵重的白金坩埚熔炼。炼制中还要退火，即加热到一定温度，再逐渐降低温度，使玻璃的各部分均匀。

玻璃种类很多，如制造光学仪器的铅玻璃，制造化学仪器的硼酸盐玻璃，耐冲击的钢化玻璃等。

常用的有色玻璃是在原料中加金属的氧化物或金属。如氯化钴使玻璃显红色，氧化亚铜显深红色，二氧化锰使玻璃显紫色，微量的铬的化合物使玻璃显绿色。

夏天人们常常戴一副有色眼镜来保护眼睛免受阳光的强烈刺激。什么镜片好呢？戴黄绿色的看东西最清楚；绿色和茶色镜片都能吸收紫外线和红外线；灰色镜片的玻璃是中性玻璃，它既能阻挡耀眼的阳光，又不改变外界景物的颜色；变色镜片是在玻璃中加进金属卤化物制成的。

有人推崇水晶眼镜，说水晶不伤眼睛，使人感到清凉，这是没有根据的。水晶对紫外线和红外线均无吸收本领，这两种有害的射线可以畅行无阻地透过镜片进入到眼睛里，水晶比玻璃容易传热，实际上应该说是戴水晶眼镜“烧”眼睛。

除了常见玻璃外，人们为了满足各种不同的需要，通过改变玻璃的成分和结构，制造出各种各样、性能各异的玻璃。如感光玻璃、玻璃纤维、光导纤维、微晶玻璃等。

微晶玻璃的强度比一般的玻璃高出几倍以至几十倍，比一些金属、岩石、不锈钢的强度都高。密度比铝还小，耐高温，加热到1000℃以上也不变软，迅速冷却到5℃也不会炸裂。微晶玻璃用途十分广泛，可做汽轮机叶片、喷气发动机喷嘴、导弹头部防护罩等。

在今后的年代里，玻璃的用途将有更大的发展。

油条与化学

油条是我国传统的大众化食品之一，它不仅价格低廉，而且香脆可口，老少皆宜。

油条的历史非常悠久。我国古代的油条叫做“寒具”。唐朝诗人刘禹锡在一首关于寒具的诗中是这样描写油条的形状和制作过程的：“纤手搓来玉数寻，碧油煎出嫩黄深；夜来春睡无轻重，压匾佳人缠臂金。”可是当你吃到香脆可口的油条时，是否想到油条制作过程中的化学知识呢？

先来看看油条的制作过程：首先是发面，即用鲜酵母或老面（酵面）与面粉一起加水揉和，使面团发酵到一定程度后，再加入适量纯碱、食盐和明矾进行揉和，然后切成厚1厘米、长10厘米左右的条状物，把每两条上下叠好，用窄木条在中间压一下，旋转后拉长放入热油锅里去炸，使膨胀成一根又松、又脆、又黄、又香的油条。

在发酵过程中，由于酵母菌在面团里繁殖分泌酵素（主要是分泌糖化酶和酒化酶），使一小部分淀粉变成葡萄糖，又由葡萄糖变成乙醇，并产生二氧化碳气体，同时，还会产生一些有机酸类，这些有机酸与乙醇作用生成有香味的酯类。

反应产生的二氧化碳气体使面团产生许多小孔并且膨胀起来。有机酸的存在，就会使面团有酸味，加入纯碱，就是要把多余的有机酸中和掉，并能产生二氧化碳气体，使面团进一步膨胀起来；同时，纯碱溶于水发生水解，后经热油锅一炸，由于有二氧化碳生成，使炸出的油条更加疏松。

从上面的反应中，我们也许会担心，含有如此强碱的油条，吃起来怎能可口呢？然而其巧妙之处也就在这里。当面团里出现游离的氢氧化钠时，原料中的明矾就立即跟它发生了反应，使游离的氢氧化钠经成了氢氧化铝。氢氧化铝的凝胶液或干燥凝胶，在医疗上用作抗酸药，能中和胃酸、保护溃疡面，用于治疗胃酸过多症、胃溃疡和十二指肠溃疡等。常见的治胃病药“胃舒平”的主要成分就是氢氧化铝，因此，有的中医处方中谈到，油条对胃酸有抑制作用，并且对某些胃病有一定的疗效。

酱油不是油

生活中，我们和“油”打的交道可真不少。花生油、菜籽油、猪油、牛油、汽油、酱油……你可知道，它们虽然都叫“油”，但却是几类完全不同的物质。

汽油、煤油是碳和氢的化合物，不能吃，可用做燃料。

我们吃的动物油和植物油都是各种脂肪酸和甘油结合而成的碳、氢、氧的化合物（有机化学中叫酯）。

酱油的名字虽然也是“油”，其实和油没有一点关系。

中国的酱油在国际上享有极高的声誉。早在3000多年前，我们的祖先就已经会酿造酱油了。最早的酱油是用牛、羊、鹿和鱼虾肉等动物性蛋白

酱油发酵罐

质酿制的，后来才逐渐改用豆类和谷物的植物性蛋白质酿制。将大豆蒸熟，拌和面粉，接种上一种霉菌，让它发酵生毛。经过日晒夜露，原料里的蛋白质和淀粉分解，就变化成滋味鲜美的酱油啦。

酱油是好几种氨基酸、糖类、芳香酯和食盐的水溶液。它的颜色也很好看，能促进食欲。除了酿造的酱油外，还有一种化学酱油。那是用盐酸分解大豆里的蛋白质，变成单个的氨基酸，再用碱中和，加些红糖作为着色剂，就制成了化学酱油。这样的酱油，味道同样鲜美。不过它的营养价值远不如酿造酱油。

酒的酿造

酒是酿造出来的。淀粉经过麸曲的作用变成麦芽糖，再让糖液发酵，酵母菌吃下糖，“排泄”出酒精和二氧化碳。这种含酒精的水，经过蒸馏，使酒精浓度增大，就是酒。用不同品种的粮食、水果或野生植物酿造出来的酒都含有酒精，做菜的黄酒里有15%的酒精；啤酒里有4%的酒精；葡萄酒含酒精10%左右；烧酒里含酒精最多，超过60%。烧鱼时加点酒，酒精能把鱼肉里发腥味的三甲胺“揪”出来，带着它一块儿变成蒸汽挥发掉了，所以烧鱼加酒可以除腥。

酒精有化学名称叫做乙醇。纯粹的酒精并不好喝。名酒佳酿里除了酒精，还有香酯、糖、香料、矿物质等好多种微量物质。啤酒、葡萄酒、黄酒存放过久会变酸。这是空气中到处流浪的醋酸菌，在它里面安家落户、繁殖后代的结果。酸味是醋酸造成的。

“卫生球”不翼而飞

阳春三月，天气转暖。人们把洗净晒干的棉袄、纯毛衣裤收藏进箱子里。每逢这时节，他们照例要买一大包卫生球，每两三粒卫生球用软纸包起来，分别放在衣服口袋里和衣箱四角。

衣箱、衣柜里，常常暗藏着一些蛀虫，它们啃食天然纤维，损坏衣物。这就需要卫生球来保护这些衣物了。卫生球是用萘做的。萘是从煤焦油里提炼出来的一种白色晶体物质，它散发出一种特殊的气味。蛀虫害怕这种气味，有卫生球在，它们就“闻味而逃”，衣物才得以安然无恙。还有一种防虫蛀的方法，是在衣箱里放樟脑丸。樟脑是从樟木里提炼出来的一种香料，是无色或白色的结晶，有强烈的樟木气味。祖国的宝岛台湾樟树很多，樟木的产量居世界第一位。用樟木做的木箱不断散发出樟脑的清香，使蛀虫不敢爬进去。用一般的箱柜存放衣物，就要放些樟脑丸了。

卫生球图

纯净的樟脑资源有限，而且樟脑在医药、塑料和香料工业里有更大的用处，所以人们用合成樟脑来代替天然樟脑制樟脑丸。合成樟脑用松节油做原料制造，和天然樟脑非常相似。它的色泽、纯度都比萘做的卫生球好，直接撒在织物上也不会留下黄斑。

冬天打开衣箱取棉衣时，你会发现原来放进去的卫生球或樟脑丸都已经“不翼而飞”了，这是由于萘和樟脑都会直接变成气体跑掉。这种固体不经过液态而直接变成蒸气的现象，在化学上叫做“升华”。涂抹在皮肤上的碘酒（碘的酒精溶液），在酒精干了之后，皮肤上的黄色也很快褪去。这是碘变成了气体，升华了。这是一个常见的升华现象。

卫生球里的萘不纯净，混有带颜色的杂质，萘升华以后，常在衣物上留下黄斑。所以，把卫生球放进衣箱时，要用纸包上。

釉彩也会使人中毒

1970 年，加拿大有一个幼儿，每天吃装在彩釉瓷壶里的苹果汁，不到两个月生病死了。经过医生检查，幼儿是因为铅中毒而死的。铅是从哪里来的呢？最后查到盛装苹果汁的彩釉瓷壶。由于苹果汁是酸性的，酸把彩釉里的铅溶解了出来，造成幼儿铅中毒而死。其实，彩釉里还有镉、锰等有毒的重金属。因为烧制彩瓷的五颜六色的颜料，是由色料和助溶剂混合后烧制成的。色料又是由含重金属的化合物组成的，助溶剂一般用含铅的化合物。把色料和助溶剂混合，画在做成饭碗、盆子的瓷坯上，经过烧结，饭碗、菜盆上就有了许多美丽的图案，一般来说，普通食物不会使这些颜色褪去。但是，如果受到酸性食物的浸泡，釉彩里的铅、镉等有毒元素就会慢慢地被溶解出来。这些有毒的金属离子“躲藏”在食物和饮料里，人经常吃这种食物，慢慢地会引起重金属中毒，人就要生病了。有的国家规定，带有彩釉的饮食器皿，铅和镉在一定的条件下，溶解出来的数量不能超过 7/10000 和 5/10000。在用彩瓷餐具时，千万不要把

彩釉盘子图

酸梅汤、食醋、苹果酱、醋辣白菜等酸性食品长期地放在彩色瓷盆里。

人、鱼和减压病

减压病是我们经常遇到的一种生理反应，它又称为潜水员病，是潜水员在长时间的高压条件下工作之后，突然恢复到常压时所患的病症。主要症状有肌肉及关节疼痛、眩晕、呕吐、麻痹甚至心脏麻痹等。

我们知道，潜水员潜水时，一般潜到几米到一百多米深不等，利用最现代化的新型潜水服可下潜到几百米深的水下。一般，每下潜10米，约增加1个大气压（≈101.3千帕）。因此，当潜到水深20米处所受到的压力，就比在水面上高出12个大气压，这时要把船上的空气供给处在加压状态下的人进行呼吸，必须使用高于水压的压力来送气。一般是气体的压力越高，在水或血液中溶解的量就越高。所以在长时间呼吸加压空气的人的血液中，就会溶解有大量的氧（O_2）和氮（N_2）。氧可以在呼吸的过程中消耗掉，而氮却滞留在空气中。这时如果人突然上升至水面。血液中的氮就要变成过度饱和，进而在血中产生气泡，堵塞血管，以致出现上述减压病的症状。

但是，我们知道，同样处在海中的鱼，有的甚至可生活在几百米深海域，为什么它们没有产生出类似于人的减压病呢?

原来，深海下的鱼所受的压力虽然很高，但是由于它们接触不到高压的空气，它们是通过鳃来吸入氧的，所以在它们的血液中不会溶解过多的氧和氨。因此在急骤地升到水面时它也不易得减压病。但在某些情况下，如突然地被从水中钓上来时，也会出现和减压病相同的症状。

实际上我们在分析鱼的减压问题时，还必须考虑一个问题，那就是鱼鳔。鱼鳔中装的是CO_2、O_2、N_2等气体，当鱼飞快地游向浅水，在它体内密封着的鱼鳔（鲤鱼、沙丁鱼等的鱼鳔，是和食道之间通过一根管子相连通的，但是大多数鱼的鱼鳔是不与外界连通的），由于外界压力减小，因而发生膨胀，它在压迫心脏的同时，也增大了浮力。为了克服这种压迫所带来的不适和调节浮力，血液就要吸收一些鱼鳔中的气体，以至增大了血中气体的压力，这时则应当考虑有可能发生减压病。但是实际上，鱼并不会如此迅速地升到浅水层，所以通常我们看不到鱼类的减压病。

如果快速地把鱼类从深海中钓上来，由于鱼眼球中的血管不多，因此网膜附近存在着多量的氧，常压下测定时，很多都已经处于饱和状态。这种氧为了养护具有强烈代谢作用的网膜所必需的，而氧是位于网膜后部的称为脉络膜腺的腺体———一种特殊的“泵”来供应。

现在把处于这种状态的鱼，从几十米以下的深水中突然钓上来时，就可以看到它的鱼鳔由于膨胀的结果而从口中吐出，眼球的后部也产生气泡，致使眼球鼓起。这种眼球突出的症状，可以认为是一种减压病。而眼球后部所产生的气泡，则可以认为是因为突然被钓上来而产生的减压作用引起的，及从所谓脉络膜腺这种泵所产生的氧、推动泵运动的二氧化碳以及一部分从鱼鳔中吸收到血液中的气体中产生的。

下面来分析一类和减压病有关的鱼类疾病。有许多涌泉的水，人们喝起来没有任何害处，看起来也非常干净，但是，如果把鱼放进去，就会在一夜之间死掉。这是为什么呢？

实际上，当这种水处于地下高压时就已经溶有多量的氮，在它涌至地面上时，就成为含有过饱和氮的水。如果鱼进入含氮量超过130%的过饱和的水中，水中的氮就能从鳃扩散到血液，使血液中的氮也成为过饱和，如果时间一长，就在血管内成为气泡，以至堵塞血管。虽然发生这种病的机理和减压病相同，但它却和减压及潜水无关，因此称为气泡病或气体病。

例如把新孵化出来的小金鱼，投放到有许多水生植物的水槽中，并把水槽放在有阳光照射的地方，由于光合作用，水生植物会释放出大量的氧气，使水中气体溶解度增高，这样，小金鱼也会出现气泡病的症状。

植物在进行光合作用时，由于对二氧化碳的同化作用而放出的氧，随着水温的增高，而变得显著地过饱和（有的情况下可达到200%）。因此可以认为，小金鱼的气泡病是由过饱和氧所引起的。

含有矿物质的矿泉水

矿泉水含有人体必需的多种微量元素，有益人心脾、延年益寿的功效。

矿泉水有天然矿泉水和人工矿泉水之分。用天然矿泉水制成的矿泉饮料，对人体有保健功能，可以消暑解渴，治疗肠胃病、高血压、关节炎等多种疾病。人工矿泉水是通过净化、消毒、矿化装置，使普通的自来水增加了人体所必需的矿物质钙、镁等多种元素而形成的，它具有保健效果。

矿泉水

科学研究证明，我们吃的食物中大约提供36种元素，其中氧、碳、氢、氮约占人体重量的95%；是组成淀粉、脂肪和蛋白质的基础。其余大约4%的体重是钙、磷、钾、硫、钠、氯、镁和铁的重量。人体中其余的各种元素约占体重的1%，包括铜、锰、碘、锌、钴、铅、铬、硒、砷、氟、硅、钼等元素，缺少了某种元素，人就会生病。如缺钙会引起过敏、肌肉抽搐、痉挛。儿童缺钙会生软骨病。缺磷会使人厌食、虚弱不适以及感到骨头痛。如果按人体中所占重量百分比，给人体中的11种主要元素排个队，那么，依次是氧、碳、氢、氮、钙、磷、钾、硫、钠、氯和镁。矿泉水能补充人体需要的矿物质，所以非常有益。

有消毒杀菌作用的高锰酸钾

前苏联卫国战争期间，高锰酸钾是医生和卫生员背包中的必备药品，好像战士的枪和子弹一样重要。这是因为高锰酸钾有抗菌、消毒作用。这种药物的拉丁文名称中有两个P字，所以人们常称它为PP粉。PP粉是深紫色晶体，溶于水，是一种强氧化剂。用不同浓度PP粉溶液洗涤伤口、含漱口腔或润咽喉，涂擦溃疡和烧伤表面，或者喷洒患处，有很好的消炎效果。在医院里，妇科、泌尿科和皮肤科医生用它作消毒药物。因为它的稀溶液可用于冲洗伤口，也可用于饮食用具、器皿消毒。稀溶液还用来洗涤果品，起到消毒杀菌作用。对有些因吞服某种有机毒物而引起的中毒，高锰酸钾又是一种重要的急救药，用来洗胃，能够解毒。PP粉溶液浓度不同，用处也

高锰酸钾

大不相同。一般地说，0.1%～0.5%溶液用于洗涤创伤；0.0125%溶液用于坐浴；0.1%用于瓜果等食品的消毒。PP粉会破坏颜色，各种色彩的衣服，沾上它的水溶液会被氧化褪色。所以当衣服上溅到红墨水，可用它的稀溶液洗去。如果不慎染上高锰酸钾的紫红色，可以用3%双氧水褪色。虽然PP粉具有不少优点，但高浓度的PP粉溶液会使口腔黏膜、咽喉、食道以及肠胃出现水肿，同时伴有呕吐、腹泻等症状。PP粉与各种有机物发生作用，还会变成易燃物质。所以，要避光保存，防止分解，不能与有机物任意接触 。如果在皮肤表面或内衣上留下它的斑迹，最好用10%的草酸溶液或20%的盐酸、醋或柠檬汁来清洗。

胶鞋怕太阳

橡胶的最大特点是有弹性，且有耐磨、耐寒、不易泄气等优点。橡胶的这些本领与构成橡胶的分子的性质有关。天然橡胶是由成千上万个异戊二烯分子组成的。其分子链本身就有柔软、韧性的特点，这叫柔顺性。一般说来，柔顺性好的橡胶，弹性大，耐磨耐寒性也好。有些合成橡胶，因为

橡胶鞋

特意改变了它们的分子结构，才使它们具有特别的优点。例如，由异丁烯和少量异戊二烯共聚而成的丁基橡胶，由于分子中有大量的甲基侧链，分子链运动受到阻碍，所以具有优良的气密性。另外，橡胶分子的多少，分子之间的排列是否整齐，都会影响橡胶的性能。一般说，橡胶的分子量低，弹性就差；分子量过大，橡胶就变硬。化学家就是根据这种关系，设计制造了各种性能的橡胶。橡胶的最大缺点是容易老化。一双胶鞋使用几年以后，会出现许多裂口，鞋帮发硬变脆，缺乏弹性。这是受热空气中的氧和阳光中的紫外线作用造成的。所以，胶鞋最怕太阳晒。在太阳下晒胶鞋，一方面给胶鞋加热，另一方面阳光中的紫外线像一把剪刀，把橡胶分子链剪成一小段一小段，使橡胶降低了弹性和拉力。同样，热水袋、胶布、雨衣等等橡胶制品，使用时不要同酸、碱、油类等东西放在一起，因为它们会损坏橡胶制品。胶鞋、雨衣也不宜用开水、热水、碱水洗，或者在肥皂水中长时间浸泡。洗涤后应当把橡胶制品放在阴凉的地方吹干，不能晒太阳，更不能用火烤烘干。

贝壳与水垢

从化学成分讲，贝壳和水垢是一样的，都是水中碳酸钙结成的，如蛤、蚌、海螺、牡蛎之类的“外套”。那么，这些“外套”是怎样生出来的呢？生活在海边的蛤、蚌、螺、牡蛎等软体动物，有一种特殊的化学本领，能够吸收水中的碳酸氢钙，经过变化，生成硬梆梆的碳酸钙“外套”——贝壳。

贝 壳

自然界的泉水、井水、海水，或多或少包含着碳酸氢钙和碳酸氢镁这些盐类，称为硬水。如果用硬水烧开水，水里的碳酸氢钙和碳酸氢镁在高温条件下，会分解成碳酸钙和碳酸镁，沉积在水壶里，好像水壶穿了一件碳酸钙的“内衣”，叫做水垢。结了水垢的水壶烧水开得慢。

在工厂里，如果烧水用的锅炉也长了水垢，而且分布很不均匀，薄的地方传热快，厚的地方传热慢，会引起锅炉爆炸事故。所以锅炉用水，常常预先经过软化处理，使硬水变成软水。

家庭常用的保暖瓶和水壶，里面也会生水垢。为了除去水垢，可以把温热的醋倒入壶里，使水垢慢慢变得疏松，这样才容易除去。

橡皮筋的弹性

1493 年，哥伦布第二次航行到美洲时，看到印第安人在玩一种拉长后能缩回去，跌落到地上能弹起来的东西，十分惊奇。当他向印第安人询问后，才知道这叫橡胶。今天，橡胶已成为人人不可缺少的东西了。橡皮筋拉长后又能缩回去，这是橡胶分子的作用。橡胶分子十分爱动，它们手拉手地排列着。因为每个分子总是在活泼运动，所以，它们的队伍总是弯弯曲曲，不成样子。如果用力拉橡皮筋，那么橡胶分子就失去了任意活动的“自由”，所排列的队伍便整整齐齐，外形上看就是被拉长了。但是，这些橡胶分子不甘寂寞，它们要求恢复“自由”，于是就会产生一种恢复原状的力，这就是橡胶的弹性。这种橡胶，实际上是一种生胶。如果把它拉长到一定程度，分子之间“打滑”了，就再也不能恢复原状。要使橡胶分子之间不发生“滑移”现象，必须把橡胶分子互相联结起来，变成立体的网，这种办法，叫做交联，好像铁条做的网状门一样具有弹性。

橡皮筋

1839 年，古德伊尔发现的硫化橡胶，就是用硫黄做交联剂，使生胶中的橡胶分子之间也有几个地方拉起手来，变成性能优异的、有弹性的橡胶了。现在的橡皮筋，就是这种有弹性的橡胶做的。

能捕捉杂质的活性炭

冰箱里往往会产生一股讨厌的臭味，但只要放进一个装有活性炭的口袋，臭味很快就没有了。活性炭有捕捉臭味的本领，还有防止毒气的本领，是制造防毒面具的重要材料。

我们常看到防毒面具上有根像大象鼻子那样的塑料管，在管子的尽头连接着一只扁形罐子，里面装的就是活性炭。

活性炭

活性炭还能净化水质。如果有一瓶被弄脏的水，变得有颜色了，可以用活性炭去“捕捉”色素；如果水里混进了脏东西，只要让水流过一根装着活性炭的管子，就可以把水净化。

活性炭为什么有“捕捉”各种杂质的本领呢？原来，活性炭是一种很细小的炭粒，用化学家的话来说，它有着很大的表面积。这种极为细小的炭粒中，还有更细小的孔，化学家称之为毛细管。这种毛细管具有很强的吸附能力。由于炭的表面积很大，所以能与杂质充分接触，当杂质碰到毛细管，立即被吸住而遭“逮捕”。

方便的黏合剂

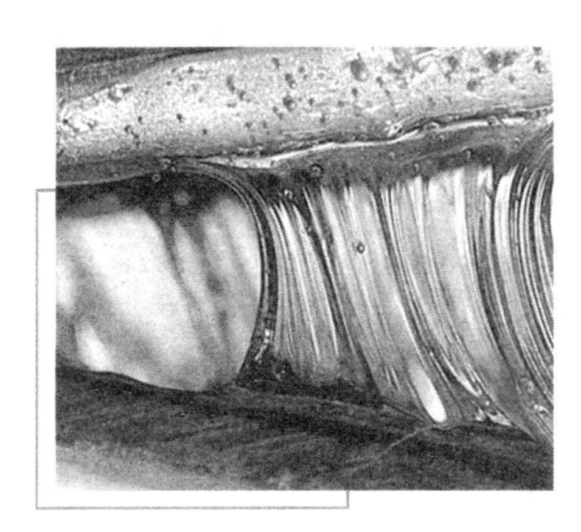

黏合剂

从前，制造飞机要用很多铆钉将各部分连接起来，现在有了黏合剂，就可以像做玩具一样把飞机各个部件黏合起来，同样牢固，安全可靠。黏合剂的广泛应用，给人们带来极大的方便。皮鞋的底和鞋帮之间靠黏合剂粘着；电视机、录音机里的电路板，也是用黏合剂一层一层黏合压制出来的。在汽车、机床、玩具和家具制造中，也都要用黏合剂。黏合剂所以能粘牢物体，关键在于缩小两个物体间的间隙。只要两个物体紧密接触，间隙小到一定程度，就会使两个物体“粘牢”。黏合剂就是根据这个道理来黏合物体的。有时候，黏合剂本身还同被黏合物体发生一些化学反应，因此，黏合剂常常变成两种物体的“联络员”，把被粘物牢牢地“拉”在一起。被粘物上如果沾了其他脏物、油污，就会影响粘接牢度，所以黏合以前，一定要把被粘物清洗干净。

种类繁多的异形纤维

异形纤维是在天然纤维的启发下产生的。如果把天然纤维的横断面放到显微镜下，就能看出它们的不同结构：棉纤维是蚕豆形、马蹄形，也有中空的，还有扁平椭圆形的；蚕丝纤维接近三角形；羊毛纤维大多数是圆形，侧面呈鳞片状。

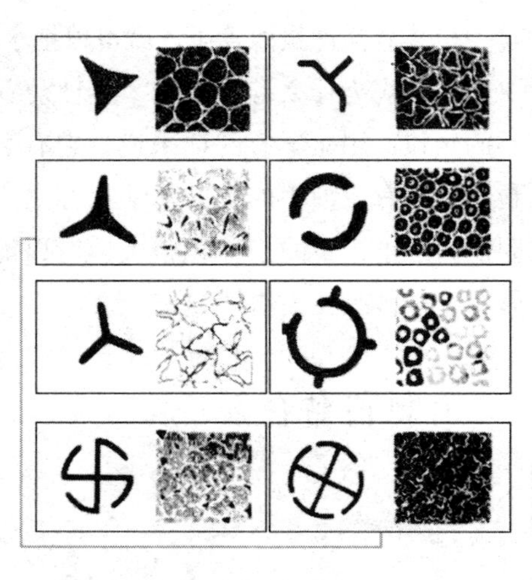

异形纤维图

所谓异形纤维，就是把原来一模一样的合成纤维制成截面畸形的纤维。像天然纤维那样，使它们呈现三角形、星形、多叶形等，可以是异形截面纤维，也可以是异形中空纤维，或者是复合异形纤维。异形纤维可与天然纤维媲美。譬如呈三角形截面的合成纤维，能发出宝石般的光泽，使织物闪光。同时，透气性和抗起毛的性能也大大改善。圆形中空纤维弹性好，适宜于做混纺型和仿毛型的纤维织物。用这种纤维制成的衣服，透气性和吸湿性比普通化学纤维大有改善。譬如圆形中空涤纶纤维制成的衣服，夏天穿它也不会感到闷热；而中空尼龙丝袜，更适宜有脚汗的人穿用。

异形纤维有许多本领，可是制造起来并不复杂。只要把各种高分子聚合物通过特别的畸形喷丝头，就可以喷出异形纤维了。各种化学纤维，如维尼纶、涤纶、腈纶、丙纶等，无论采用什么纺丝形式，都能制成异形纤维。异形纤维的种类很多，性能各异，制造简单、经济，它将会在化纤生产中大放异彩。

五光十色的染料

假如没有染料，就没有五光十色的服装。早在遥远的古代，人类就开始用一些动物和植物的色素漂染丝绸和布匹，这些色素就是最早的染料。染料是有颜色的物质，但有颜色的物质不一定能做染料。染料必须能把自己的颜色附着在纤维上，而且耐洗耐晒不易变色。

从茜草的根可以提取出一种红色的染料——茜素。为了得到这种染料，许多国家的种植园内曾大量种植茜草。1868 年，一位德国化学家对茜草中的茜素进行研究，发现它是蒽的衍生物，并以煤焦油中的蒽为原料，合成了茜素。第二年，茜素就投入工业化生产，并得到迅速发展，很快取代了茜草的种植园生产。

另一种重要的染料是靛蓝，它本来也是从植物中提取的。在合成了茜素的一二年后，靛蓝也在实验室中被合成了。

经过对一系列染料的研究与合成，科学家逐渐掌握了颜色与物质化学结构的关系。在染料化合物的分子中都有一类叫“发色团”的原子团，另外还有一些原子团叫“助色团”，分子中有了助色团，可以使发色团产生的

五光十色的染料

颜色加深。但是分子中如果只有助色团而没有发色团时，物质就不会有颜色。掌握了这些规律，人们合成并生产了比天然染料颜色更鲜艳，性质更稳定的染料。染料工业发展到今天，各色各样的染料应有尽有。合成染料的研究向着新的方向发展，产生了一些不是给纺织品染色的染料，叫做非纺织品染料。如生物染色剂是专门用于生物学和医学研究用的染料。还有液晶染料、激光染料、变色染料、感光染料、半导体染料等，在尖端科学和工业、农业生产中都有广泛的应用。

普通而又宝贵的盐

在古代，许多国家盐曾比黄金还宝贵。古埃及人曾把盐制成纯净的小块，刻上印记，当作钱币。在战争频繁的古罗马时代，士兵们荷枪执盾在盐路上巡逻，他们的薪金不是金银而是食盐。还有些国家，经常用食盐交换货物。在捷克和斯洛伐克人民中间，就流传着“盐比黄金还宝贵”的谚语。

人每天应吃 10～12 克食盐，才能维持正常的活动。特别是夏天，大量出汗，盐分随着汗水流失，如果不多摄入食盐，就会因缺钠而中暑。从事高温工作的人要饮咸汽水，就是为了补充盐分。人体血液中含有 0.9% 的盐

海　盐

分，使血液保持一定的渗透压力，维持人体正常的新陈代谢。所以一般情况下，医生给病人输的生理盐水，就是浓度为0.9%的食盐水。食盐还是重要的工业原料，有“工业原料之母”的美称，它可用来制造盐酸、烧碱等主要工业原料。生产1吨盐酸要用1.5吨食盐，生产1吨烧碱约需2吨食盐。盐酸、烧碱都是基本化工原料。如果没有食盐，化学工业将是不可想象的。

快速治伤的氯乙烷

在激烈的足球比赛中，常常可以看到运动员受伤倒在地上打滚，医生跑过去，用药水对准球员的伤口喷射，不用多久，运动员便马上站起来奔跑了。医生用的是什么妙药，能够这样迅速地治疗伤痛？这是球场上“化学大夫”的功劳，它的名称叫氯乙烷，是一种在常温下呈气体的有机物，在一定压力下则成为液体。

当球员被撞以后，有些软组织挫伤，或者拉伤了，这时候，医生只要把氯乙烷液体喷射到伤痛的部位，氯乙烷碰到温暖的皮肤，立刻沸腾起来。因为沸腾得很快，液体一下就变成气体，同时把皮肤上的热也“带”走了。于是负伤的皮肤像被冰冻了一样，暂时失去感觉，痛感也消失了，这叫局

足球比赛

部冰冻，也会使皮下毛细血管收缩起来，停止出血，负伤部位也不会出现瘀血和水肿。这种使身体的一个地方失去感觉，又不影响其他部分感觉的麻醉方法，叫做局部麻醉。足球场上的“化学大夫”就是靠局部麻醉的方法，使球员的伤痛一下子消失的。这种药只能对付一般的肌肉挫伤或扭伤，用作应急处理，不能起治疗作用。如果在比赛中造成骨折，或者其他内脏受伤，它就无能为力了。

鲜牛奶与酸牛奶

“牛奶含有丰富的蛋白质、脂肪、乳糖、钙和磷等物质，还有维生素 A、维生素 B_2、维生素 B_6 和维生素 D 等，很容易被人体吸收。”生牛奶煮沸食用，不但可以杀菌，还能使牛奶中的蛋白质转变为变性蛋白质，易被蛋白酶水解，人体容易吸收。但煮牛奶时不能温度过高，时间不可太长。加热到 120℃，乳糖就会焦化脱水，使牛奶带有褐色。加热时间太久，牛奶中的酸性磷酸钙就变成中性磷酸钙，成为不溶性沉淀物，难以被人体吸收。煮沸后的牛奶放久了会吸收空气中的细菌，使牛奶中的乳糖分解成乳酸、甲酸等少量的有机酸。喝了这种变质的酸牛奶会引起腹泻、消化不良和中毒。可是，纯正的酸牛奶又是人们喜爱的食品。

酸牛奶是用优质的乳酸菌经过乳酸发酵制成的。品种有天然酸牛奶、含糖酸牛奶、果味酸牛奶和香味酸牛奶等。酸奶含有乳酸菌，能产生抗菌物质，具有抑制肠道内的腐败菌和防止自身中毒的作用。酸奶还能降低血中胆固醇的含量，可预防心血管疾病。它是幼儿的理想代乳品，既容易消化、吸收，又能促进生长发育。

第七营养素

不管是吃竹笋、甘蔗，还是吃青菜、玉米，总有不少残渣——纤维素。过去，大家把它当作毫无价值的废物，现在知道它是人体需要的营养素，在各种营养素中排行第七，所以叫它第七营养素。同其他 6 种营养素（碳水

纤维素

化合物、脂肪、蛋白质、矿物质、水和维生素）比起来，纤维素对人体的作用并不小。

国外报道，有一位患糖尿病三年的老人，由于多吃有丰富纤维素的食物，像谷类、豆类、水果、蔬菜等，过了半年，这位老人再不要打针吃药了。

科学家向人们提出忠告，如果经常吃豆科植物，包括青豆、豌豆、小扁豆，以及土豆、玉米、蔬菜和水果，大量食用五谷杂粮，如麦类和保麸面粉等含纤维素的物质，对心脏病、肥胖症、慢性便秘、痔疮等有预防作用。在化学上，纤维素被认为是某种葡萄糖的“联合体”，它既不溶于水，又不溶于乙醇等一般溶剂。人们从食物中得到的纤维素，一般也是难以消化吸收的，但是它能帮助人们及时带走人体内有害的东西。纤维素物质进入人体后，总是先进入小肠，把脂肪、胆固醇等“排挤”开，使小肠尽量少吸收脂肪和胆固醇。经常吃含纤维素多的食物，就会使大便畅通，对便秘、痔疮、糖尿病等也有预防和治疗作用。不过，对于有肠胃溃疡等疾病的人，还是少吃纤维素食物为好。

糖精不是糖

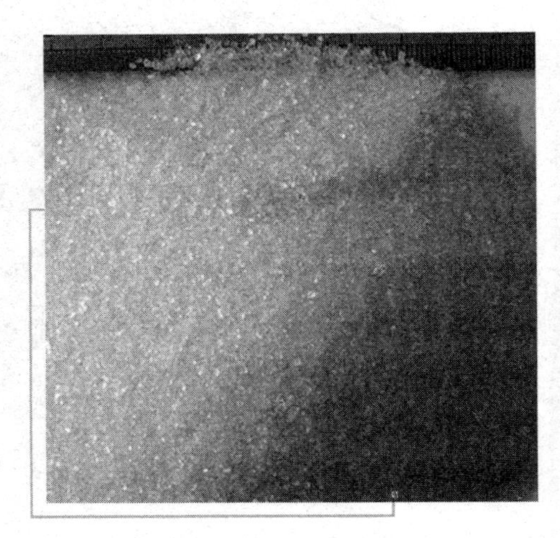
糖 精

我们平时吃的白糖、红糖，都是从甘蔗、甜菜中提取出来的，它们是天然化合物。化学家在实验的过程中偶然发现一种化合物是甜的，后来进一步研究，终于用人工方法合成了一种新的甜味剂——糖精，那是100多年前的事了。

糖精像精制的白糖，是白色的结晶状粉末。但它不溶解于水，化学上叫不溶性糖精。尽管它带有很浓的甜味，因为伴有类似金属的不快的感觉，所以不适宜于食用。市场上卖的糖精，实际上是用不溶性糖精同小苏打中和反应后，结晶出来的糖精钠盐。糖精钠能在水中溶解，所以也被人们称作可溶性糖精。它的甜度约为蔗糖的三五百倍，所以含糖精钠十万分之一的溶液，也能尝出甜味。

缺锌与“小人症”

在伊朗、埃及等中东国家，有的年轻人长到20岁，仍像个10岁左右的孩子，且他们的发育停滞，皮肤粗糙，肝脏肿大，性机能低下。医生称这种病为“小人症”。这是什么原因造成的呢？

医学家们经过长期的分析和研究，终于找到患“小人症”的病因。小人症患者，主要是体内严重缺锌。服用适量的含锌食品，可以迅速恢复正常发育。这些地方的人为什么会严重缺锌呢？这是科学家们长期研究的问题，随着科学技术的发展，人们终于找到这个谜的谜底。人们吃的小麦、稻米等谷类中，含有一种植酸，这种酸在人体内易和锌形成难溶性络合物，从而降低了人对锌的吸收。所以，在以谷类为主食的国家中，有不少人会严重缺锌。实际上，不论是发展中国家，还是工业化国家，都有很多人不同程度的缺锌或缺其他微量化学元素。

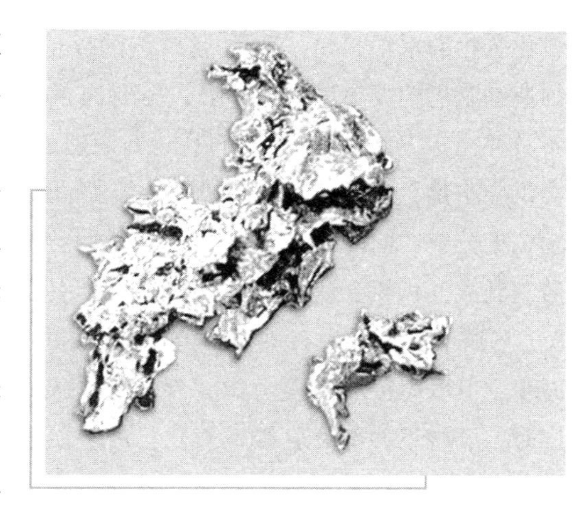

锌

美国著名科学家施罗德说过，只要人体内微量元素含量平衡，除了意外伤亡事故，人人都有可能活到 90 ~ 110 岁。锌在微量元素中，占有重要地位。预防人体内微量元素的缺少并不神秘，只要讲究科学饮食，人人可以做到。首先要注意饮食平衡，合理搭配食物。只要人们真正重视体内微量元素的重大作用，人类就会朝着自己的自然寿命 110 岁的目标前进。

锌还有一种奇特的功能，就是它能使伤口很快愈合（即长好）。例如，人体在经过一次大手术之后，要及时补充皮肤和骨骼里的锌。长期卧床不起的病人，容易长出褥疮，这种病很不好治。如果在长褥疮的地方敷一些锌盐，就可以让褥疮早日痊愈。在家庭常备的药品中，就有氧化锌橡皮膏。有时，我们的脚后跟或手指上裂了口子，不好愈合，只要贴上一块氧化锌橡皮膏，不几天就可以愈合。

使人疲倦的化学原理

人为什么会疲倦？心理作用是产生疲倦的原因之一。激烈运动以后，情绪松弛下来，疲倦的感觉会立即出现。但是从化学的角度来看，疲倦与碳水化合物的代谢有密切关系。人体里的细胞为了完成肌肉的收缩、神经冲动的传递等任务，需要高能量的化合物。如三磷酸腺苷（ATP）。这种高能量化合物的水解，是一种大量放热的反应。而在运动时，肌肉纤维收缩，加速细胞里的吸热反应。如果人体肌肉里所储存的ATP很快消耗掉，又来不及补充，人就感到疲倦。再说，在激烈运动时，血液对肌肉所需要的氧气会供应不足，那么，肌肉细胞就必须调动葡萄糖的分解来产生能量。可是，葡萄糖分解的同时会形成乳酸，而乳酸会妨碍肌肉的运动，引起肌肉的疲劳。乳酸的积累会造成轻度的酸中毒，引起恶心、头痛等，增加疲倦的感觉。肝脏对保持体力有重要作用。当人体内葡萄糖分解后，血液中的葡萄糖减少，肝脏里糖原发生分解，释放出葡萄糖，使血液保持一定的含糖量。同时，肝脏里一部分乳酸被氧化，产生二氧化碳排出体外，其余的转化为糖原。所以，在紧张运动后作深呼吸，增加供氧，促使乳酸氧化，可以减少疲倦。

使人舒适的阴离子

当你从人群鼎沸的商场里挤出来，走进有绿地、喷泉的公园，顿时会感到空气清新，舒畅愉快。这是空气里的“维生素”——各种阴离子的作用。科学研究证实，空气中的阴离子，可以促进人体的血液循环，调节神经系统，有降低血压、缓和神经衰弱、镇静、镇痛、止咳、止汗和利尿的功能。阴离子是一些带负电的粒子。它们随宇宙射线、雷电、暴风雨、巨浪、喷泉水和花而产生。本来，它们成千上万地来到人们身边，给人们增加“营养”，但是它们十分娇弱，一碰到尘埃和烟雾就立刻“夭折”。越是人群拥挤、烟尘弥漫的地方，它们越是容易死去，侥幸留下的也就寥寥无几了。人们还发现，在普通的房间里，每立方厘米空气中只有四五十个阴离子，而在公园里要比房间里多10倍；在郊区野外，可能多20倍；到海滨、山谷、瀑布附近，阴离子可多达每立方厘米上万个以上。秀丽山川最适宜于疗养憩息，就是这个原因。

空气清新是阴离子生存的条件，所以，人们千方百计使城市绿化，种草种树，并在公园里建造假山、喷泉。科学家还利用阴离子发生器来源源不断地制造阴离子。这样，使居住在家里的人，也可享受阴离子带给人们的“营养”。

空气清新的大森林

吸烟的污染

吸烟是居室的主要污染源之一。吸烟对于人体健康有严重危害，而且不仅对本人有害，还危及周围的人。吸烟引起的居室环境的污染，已引起国内外人们的关注，下面简述一下烟雾中的污染物及吸烟带来的危害。

每支纸烟在燃吸过程中，产生的主烟流总重约为400~500毫克，主烟流中气态及蒸气约占92%以上。气态中含有400~500种成分；其中氮占58%，氧占12%，二氧化碳占13%，一氧化碳占3.5%；在蒸气成分中，烃类占40%，水分占70%，醛类占14%，酮类占9%，腈占6%，醇占1.5%，杂环化合物约占1.5%，酯类占1%，其余化合物占7%。

在烟雾气体中，有些气体绝对量虽然很少，但其浓度比各该气体在工业上的允许浓度要高2~4倍。

许多可变因素影响到香烟烟雾中的多环芳烃（PAH），诸如喷烟次数和持续时间、烟草的种类、香烟中水分含量、卷烟纸和过滤嘴的类型与渗透性都关系到PAH的分布。

烟卷中不仅含有多环芳烃，而且还有微量元素和有害元素以及放射性元素。美国医学专家研究表明，烟草中除含有害化学物质外，还有放射性

烟雾缭绕的香烟

元素。一个人如果每天吸 30 支香烟，则一年吸入肺部的射线剂量相当于接受 300 次胸科 X 射线透视。

大家知道，香烟在燃吸过程中产生两部分烟气，其中被吸烟者直接吸入体内的主烟流仅占整个烟气的 10%，90% 的侧烟流则弥散在空气中，如果在居室内吸烟，则造成居室空气的污染。不吸烟的人，在吸烟污染室内，同样会受到烟气的危害，这是通常所说的被动吸烟。通过血液、尿液和唾液的化验，可以检查出吸烟者体液里含有一定量的尼古丁、碳氧血红蛋白及硫氰化物等。不吸烟的人体液里一般不含有尼古丁和硫氰化物，碳氧血红蛋白含量也较低，但在烟雾环境中逗留后，也照样可以检查出来，而且逗留时间越长，含量也越大。

有人做过实验，在一个 43 米^{3}的不通风的房间里，点燃 8 支纸烟和 2 支雪茄，使 12 名志愿参加试验的不吸烟者进入室内，停留 78 分钟。在受试者进入室内前 10 分钟和进入室内后 10 分钟各采一份血样，分析血浆中尼古丁，同时，受试者在入室前排空尿，各留一份尿标本，出室后再收集一次尿标本，分析尿中尼古丁含量，结果发现所有被动吸烟者的血浆尼古丁含量平均从 10.7 微克/升，增加到受试后的 80 微克/升。

被动吸烟者的碳氧血红蛋白也同样会增高，9 名吸烟者和 12 名不吸烟者在不通风的室内进行试验，9 人共吸完 32 支纸烟和 2 支雪茄。78 分钟后，试验结果发现，所有的人碳氧血红蛋白都增加了。其中不吸烟者血液里碳氧血红蛋白平均含量从试验前的 1.6% 增加到试验后的 2.6%，增加了 62.5%。

流行病学的调查也证明了以上试验结果。据国外的调查，妇女的肺癌每年标化死亡率与其丈夫是否吸烟有关。如果依其丈夫不吸烟者为 1.00，则其丈夫中度吸烟者为 1.61，重度吸烟者为 2.08。本身不吸烟又无被动吸烟史的妇女肺癌每年标化死亡率为 8.7/10 万，被动吸烟妇女的肺癌每年标化死亡则为 15.5/10 万。

事实上，凡吸烟所能引起的种种疾病，在被动吸烟者身上都有可能发生。因此说，吸烟不仅损害自己的健康，还造成居室污染，使家庭中其他成员被动吸烟，同吸烟者一样遭受烟草的种种危害。

火柴生产小史

现在我们常用的安全火柴必须擦在火柴盒上才会燃烧起来，除此之外，哪怕用锤子敲打火柴头，也不会着火。而最早的火柴则是“一擦即着”，与任何粗糙表面摩擦都能生火，哪怕是老鼠啮着火柴头，也会燃烧起来。用锤子敲，甚至还会爆炸。

安全火柴的着火原理，是火柴上的化学物质与火柴盒上的一种化学物质产生反应。擦火柴所产生的热力，会触发这种化学反应。若火柴头与摩擦表面没有接触，火柴就不会燃烧。

现代火柴的始祖是英国药剂师和克。1827 年，他制成了属于一擦即着的火柴，不过安全并不十分可靠。

1830 年，法国的索里埃发明用黄磷作火柴头，制成更好的火柴。这种火柴称为摩擦火柴，一直沿用至 19 世纪末。

摩擦火柴非常可靠，而且方便储存。不过有一个最大的缺点就是容易致命。黄磷燃烧时放出毒烟，长期接触会引起一种称为磷毒性颌骨坏死的病，患者颌骨烂掉，最终死亡。

安全火柴

因此，黄磷在19世纪末被禁用于制造火柴，由三硫化四磷取代。

19世纪50年代中期，瑞典制造商伦德斯特罗姆将磷与其他易燃成分分开，创制出安全火柴。他把无毒的赤磷涂在火柴盒的摩擦面上，其他成分则藏于火柴盒中。

现在，火柴都是以自动化机器制造，并把火柴装进盒子备用。标准火柴的制作是先把原木切成小木条，每根厚约2.5毫米，再把小木条切成火柴枝，浸于碳酸铵中，这是为了确保火柴枝不会闷烧。

火柴枝由机器插入一条不停移动有孔长钢带，末端浸在热石蜡中；石蜡渗入木材的纤维，可助火焰由火柴头外层烧至火柴枝顶端。然后，火柴浸在制造火柴头的混合物中。安全火柴的火柴头含有硫磺和氯酸钾。硫磺的作用是产生火焰，氯酸钾则用于供应氧。火柴头干后，火柴枝被击落，掉在输送带上的火柴盒内匣里。

火柴盒的外匣在另一行平行的输送带上。两条输送带每隔数秒就停下来，内匣被推进外匣里。匣子两旁加上涂有赤磷的划纸，造成擦面。若是一擦即着的火柴，摩擦面则由玻璃砂纸或含砂树脂制成。

奇特现象

使人发笑的气体

快乐场景漫画图

有一种能使人发笑的气体——笑气，它的学名叫“一氧化二氮”。笑气在空气中很少很少，大约只占空气体积的1/200万，所以人们每天呼吸空气，也不会笑个不停。刚开始，人们还以为笑气能使人致病。到了1798年，英国化学家汉弗莱·戴维做了一个使他一举成名的试验：一边吸入笑气，一边记录他自己所产生的生理效应。结果他发现，笑气对人的神经有奇异作用，吸入少量就会使人兴奋不已而大笑起来。试验中，戴维还发现这种气体减轻了他的一颗病齿的疼痛。后来进一步研究证实，吸入适量的笑气，可以使人进入麻醉状态，减轻病人的疼痛。从此，笑气被用作牙科麻醉剂。笑气还有一个有趣的特性，就是能够像氧气一样助燃。当你将一块吹熄的木条，放到充满笑气的瓶中，木条会立刻烧起来，比在空气中燃烧得更猛烈、更光亮。这是因为笑气在高温下能分解成氮气和氧气的缘故。笑气有个怪脾气，1个笑气分子会和6个水分子结合在一起。所以当水中溶解大量的笑气后，再把水冷却，就会有含笑气的晶体出现。把晶体加热，笑气又会重新逃出。

女儿村与镉

英国威尔斯北部有个戴姆维斯的“女儿村”，在一段时间内，这个村中出生的婴儿都是女孩。这引起村民们的焦虑。据报道，中国山西偏远山区中有一个村庄，十多年来出生的婴儿也都是女性，而成年女性中，个个患有头疼、骨痛的怪病。这个村也被称为“女儿村”。

为什么整个村庄的妇女都生女不生男？专家们经调查证明，这两个村庄的居民都饮用了含镉量较高的污水，这些污水是从被遗弃的锌矿污染水源引起的。改变水源，饮用正常水以后，生女不生男的状况就可改变。

在自然界，镉以硫化物形式存在于各种锌、铅、铜矿中。无论是在大气、土壤和水中，含量都很低，按理说不会影响人体健康。可是环境中受到镉污染后，它可以在生物体内富集，再通过食物链进入人体，引起慢性中毒。人体内一旦有镉，就形成镉硫蛋白，通过血液流到全身，并且瞄准肾脏，积集起来，破坏肾脏、肝脏中的酶系统正常活动，还会损伤肾小管，使人体出现糖尿、蛋白尿等症状。含镉气体通过呼吸道会引起呼吸道刺激症状，出现肺水肿、肺炎等。镉从口腔进入人体，还会出现呕吐、胃肠痉挛、腹痛、腹泻等症状，甚至可引起肝肾综合征而死亡。镉是人体的“敌人”，可是在工业上是人类的“朋友”。镉代替铬用于电镀，可使镀件增光。镉在制造颜料、塑料稳定剂、合金、电池等中都很重要。电视机、核电站、橡胶制品中也需要镉。

铬与近视

铬是一种银光闪闪的金属，自行车上镀的“克罗米”就是铬。铬也是人体必需的微量元素。科学家通过实验指出：如果没有铬，人体里的胰岛素就不能充分发挥作用，造成生长发育不良。铬的缺少，又会影响视力。

含铬亮较多的糙米

通过对青少年近视病例的调查分析表明，日常饮食中缺少铬，会使眼睛的晶状体变得凸出，屈光度增加，因而造成近视。如果饮食正常，一般是不会缺铬的。可是偏食，总吃精细食品，就可能造成缺铬。因为越精制的食品，含铬量越低。相反，粗制品的含铬量就比较高。如粗糖的铬含量比精糖的铬含量高 100～200 倍。人体每天需要从食物中得到 20～500 微克的铬，只要饮食正常，可以满足人体对铬的需求。假如你感到缺铬，或者开始近视，那么，不妨经常吃含铬量较多的食物，如糙米、全麦片、小米、玉米、粗制红糖等等。

化学王国中的“孙悟空”——乙烯

乙烯出生在石油裂化炉，这个裂化炉好像《西游记》里太上老君的炼丹炉，乙烯就像是从炼丹炉里逃出来的孙悟空，有七十二般变化，神通广大。生性活泼的乙烯如果遇到其他化合物，会很容易“摇身一变”成了新的“化身”。

它与水结合，就会变成酒精；如果先同硫酸结合，再同水反应，也可以变成酒精。工厂里如果用乙烯制造酒精，能节约大量的粮食。如果许多个乙烯手拉手地连接在一起，只要有一定的压力和一些催化剂，就会聚合起来变成聚乙烯。我们日常生活中使用的食品袋，就是一种聚乙烯薄膜。用聚乙烯做的塑料管，不怕酸碱的腐蚀，又能任意弯曲，比用金属管要方便得多。聚乙烯是个大分子，在单个聚乙烯分子里，有 2 000 多个碳原子，

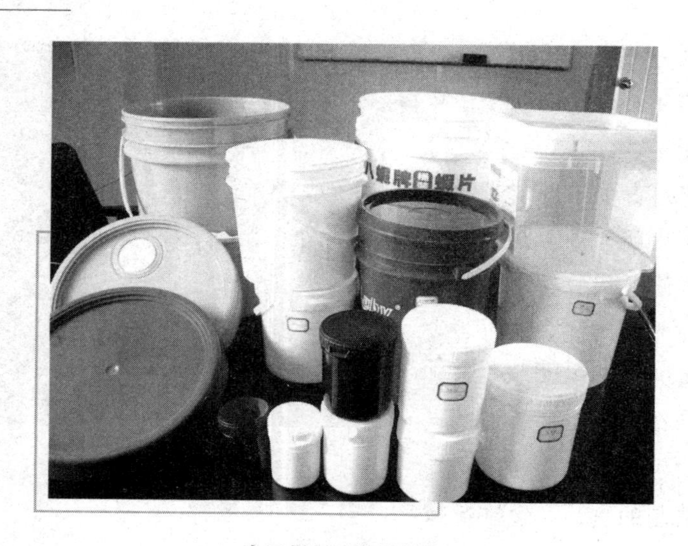

由乙烯制成的塑料桶

这个分子像是一条又长又窄的长线。聚乙烯液体经过喷丝头喷出，并且一边冷却，就成了聚乙烯纤维。乙烯和丙烯共同聚合，可以生成一种具有橡胶性质的聚合物，叫做乙丙橡胶。乙烯如果得到银的“帮助”，能在空气中氧化成环氧乙烷，再加水反应，变成乙二醇，可制造防冻剂。乙烯加上氯化氢，又“摇身一变”为镇痛急救药氯乙烷，如果进一步同铅作用，生成的四乙铅则是汽油抗爆添加剂，但是由于铅的毒害，无铅汽油已经顶替了它的位置。乙烯也能变成氯乙烯，从而制成聚氯乙烯树脂。它还能做成各种塑料用品，或者做成聚氯乙烯纤维，再加工成具有保暖防病作用的内衣。

看不见的空气

我们知道，地球上的生物，都要靠看不见的空气生活。那么，空气是什么呢？

空气中的主要成分是氧气和氮气。氧气占空气的体积约21%，氮气约占78%，还有少量氩气、二氧化碳、氪、氖、氦、水汽、臭氧等。空气是一种弥漫在地球周围的混合气体，它对人类的生命活动有着密切关系。例如，空气中二氧化碳增加，会使地球表面的气温升高，出现“温室效应”，造成气候反常等影响。据科学家预测，到公元2030年，地球气温将比现在高4.5℃！这将使南极的冰层融化，引起海平面上升，最终导致全球性洪水泛滥，后果将不堪设想 。因此，科学家正在研究预防的办法。科学研究已经证实，现代空气污染的主要原因是工业生产中释放的大量废气。由于煤燃料的大量消耗，空气中二氧化硫、悬浮颗粒物、氮氧化物、一氧化碳等有毒有害杂质含量增加，就会给人类带来灾难性的危害。1952年12月的伦敦烟雾事件，四天中死亡人数比常年同期约多4 000人 。事件发生的一星期内，支气管炎、冠心病、肺结核和心脏衰弱病患者的死亡人数分别为事件前一周同类死亡人数的9.3倍、2.4倍、5.5倍和2.8倍。肺炎、肺癌、流感及其他呼吸道疾病患者的死亡率都有成倍增加。

空气是人类赖以生存的重要物质之一，人类应该使空气保持清洁、纯净、新鲜，只有在清新的气氛中才能愉快地工作、学习和生活。

无色墨水

这里有一瓶既不是蓝色，也不是红色，又不是黑色的墨水，而是一瓶像清水一样的无色墨水——奇妙的墨水！

用这种墨水写字之前，首先准备好一张白纸，用一支洗净的毛笔蘸取药用碘酒，涂在白纸上，结果白纸就染上了紫褐色，把染上紫褐色的纸晾干待用。

所谓奇妙墨水是一种叫硫代硫酸钠的浓溶液，带有五个结晶水的硫代硫酸钠晶体俗称海波，也有人叫它大苏打。硫代硫酸钠在照相、环境保护等方面有着重要的应用。

另用一支洗净的毛笔，蘸取上述硫代硫酸钠的浓溶液，在前面准备好的紫褐色纸上写字或绘图。你会很快发现，紫褐色的纸上竟留下了清晰而又十分别致的白色字或图画。

原来，硫代硫酸钠能与溶解在酒精里的紫褐色单质碘起化学反应，生成无色的连四硫酸钠和碘化钠溶液。这样紫褐色的碘最后就消失得无影无踪了，奇妙墨水的奥秘就在这里。

面粉会爆炸

也许你不会想到面粉也会爆炸。其实，面粉厂的爆炸事故从前是屡见不鲜的。面粉等粉尘为什么会引起爆炸呢？我们可以做一个简单的试验。

在一个废铁罐的底边附近开一个小洞，插进橡皮管，皮管的前端放些干面粉，同时在罐内放一支点燃的蜡烛，把罐盖盖好，放到离人远一点的地方。然后用嘴对着橡皮管口向里一吹，爆炸就会发生，罐盖腾空飞起。

面粉爆炸有两个条件：一个是干燥的面粉粉尘，在空气中的浓度达到每立方米20~25克；一个是有支持燃烧的氧和能够达到着火点的温度。面粉的粉尘爆炸温度只有400℃，相当于一张易燃纸的点火温度。车间内电动机皮带摩擦所产生的热现象，即可达到引爆的能量。另外粉碎机中的铁块，在粉碎机中经过碰撞发出火星，也可引发粉尘爆炸。悬浮在空气中的面粉、玉米粉、棉花、尘埃、木粉、酚醛塑料粉，达到激烈燃烧的条件，也会爆炸。所以在这种生产环境里，必须严禁烟火，并且做好防尘等工作。

植物的“化学武器”

研究发现，有些植物在受到虫、兽侵害之后，会自行生成一种有毒的化学物质，并可以用这种自产的“化学武器”进行自卫防御。

据有关报道，1981年美国北部的橡树里出现了一种舞毒蛾，它们贪食成性，很快便把1000万亩橡树的叶子啃得精光。可第二年舞毒蛾却突然销声匿迹了，而橡树则又蓬蓬勃勃地长出了新叶。科学研究发现，在遭受舞毒蛾咬食之后，橡树叶中的单宁酸含量便会大量增加，舞毒蛾吃了含有单宁酸的叶子后，单宁酸和舞毒蛾胃中的蛋白质结合即可生成一种有毒物质，从而使舞毒蛾失去活力，结果不是病死，就是被鸟类吃掉。

在美国的阿拉斯加原始森林里，由于野兔繁殖过于迅速，大片树木的根被啃得七零八落，使森林濒于毁灭。正当人们为怎样消灭野兔而犯愁时，却发现它们突然集体生起病来，最后竟在森林中自然消失了。后经研究才知道，那些被野兔咬过的树木叶芽中，产生出一种以前没有过的化学物质，这种物质成为野兔的克星，野兔吃了以后就出现了生病和死亡现象。

另据报道，有的植物在受到敌害时，不仅自己能主动御敌，还能为近邻发出“信号”，进行“联防”。例如，当毛虫危害柳树时，柳叶会分泌出一种能挥发的化学物质，给方圆 60 米以内的同类提供“警报”，同伴在接到报警信号后，也会分泌出一种有毒物质，使得毛虫很难轻举妄动。

“懒惰”的气体

氦（He）、氖（Ne）、氩（Ar）、氪（Kr）、氙（Xe）等气体，以“懒惰”出名，所以叫做惰性气体。

1894 年 8 月 13 日，英国化学家拉姆赛和物理学家瑞利在一次会议上报告，他们发现了一种性质奇特的新元素。这种元素以气体状态存在，对于任何最活泼的、作用力最强的物质，它都无动无衷，因此，给它取名叫氩，意思就是“懒惰”。

在此之后，又发现了几种元素，也有类似的性质，它们像是元素中的“隐士”，从来不同其他元素进行化学反应。这究竟是什么原因呢？原来，除了氦原子是以 2 个电子为稳定结构的以外，其他气体的原子最外层都有 8 个电子的稳定结构。那时的化学理论认为，具有这种结构的元素，是不能发生化学反应的。所以，化学家下结论说，惰性气体元素不可能形成化合物。

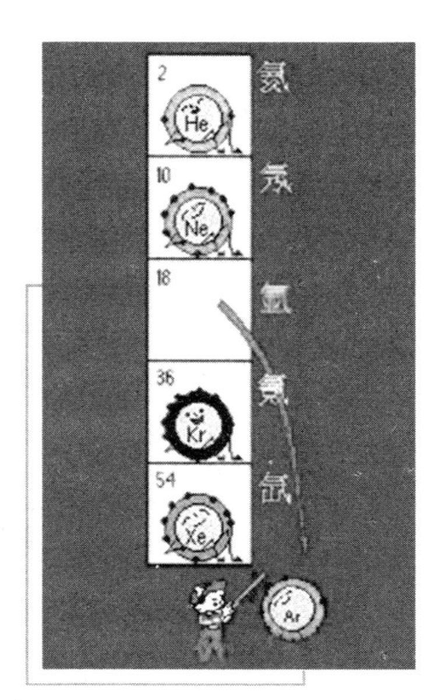

惰性气体漫画

1962 年，英国年轻化学家巴特列特在进行铂族金属和氟反应的实验时，意外地得到了一种深红色的固体，经过分析才知道它是六氟铂酸氧的化合物，并从这个化合物中看到这样一个事实：已经达到 8 个电子稳定结构的氧分子居然能失去1个电子，形成阳离子，而氧是很难失去电子的，它的第一电离能（即原子失去电子的困难程度）比氙的第一电离能还大些。那么，惰性元素氙是否也能形成阳离子呢？再说，六氟化铂是一种强氧化剂，如果让六氟化铂同氙作用，又会怎样呢？巴特列特仿照合成六氟铂酸氧的条件和方法，在常温下把六氟化铂蒸气和过量氙气混合，结果得到了六氟铂酸氙的橙黄色固体。这是世界上第一个惰性气体化合物。之后，氙的氟化物、氯化物、氧化物也相继问世，而且，氟化氪、二氟化氡等惰性气体化合物已有数百种之多。

惰性气体化合物的合成成功，给了科学家又一次启示：科学是无止境的，今天的真理，明天很可能变成谬误。只有勇于探索，才能永远站在真理一边。

神秘的“水妖湖”

在前苏联卡顿山区曾经发现过一个神奇的湖泊。那湖水明亮如镜，四周风光秀丽，湖面还会不断冒出微蓝色的蒸气，如仙境一般。可当地人发现，怎么只见有人去，不见有人归？于是人们纷纷传说，湖中有水妖怪专门杀害游人。

隔了数年以后，卡顿山区来了一位画家，听人说起水妖湖的故事，他怀着好奇心想，何不去冒险一游，兴许能创作出一幅好画来呢！

数天后，他一大早就出发，到了目的地，立即拿出画板进行绘画。画家全神贯注地一连画了几个小时，初稿刚画好，他突然感到一阵恶心、头晕、呼吸急促，立即意识到可能要发生意外，于是他匆匆拿好了画稿，飞也似地离开了那里。回家后，他生了一场大病，差一点丢掉了性命。以后他常常会回忆起那段可怕的经历，可始终不明白那要致人于死地的湖的奥秘。

有一天，他家来了一位地质学家，在交谈中，他讲起了当年去水妖湖的经历，还拿出画请地质学家欣赏。地质学家看到画面上有一个小湖，周围山上尽是红色的岩石，湖面在阳光下升起微蓝色的蒸气。他好奇地问画家："这是写生画，还是想象画？"画家说完全是根据当时情景画出来的。地质学家若有所思，但一时也无法揭开这个谜。

后来，这位地质学家在用显微镜观察硫化汞矿石时，突然联想到画家的那幅画，他猜想那画中的红石头会不会是硫化汞矿石？银白色的湖水会不会就是硫化汞分解出来的金属汞（水银）呢？蓝色的微光会不会就是汞蒸气的光芒？

为了证明自己的想法，地质学家便带着他的助手和防毒面具对"水妖湖"进行了实地勘查。经过采样分析，他终于揭开了"水妖湖"的奥秘。

原来，在卡顿深山里有一个巨大的硫化汞矿，天长日久，硫化汞已分解成几千吨的金属汞并汇集成所谓的"水妖湖"，游人在湖上莫名其妙地死去，并非是水妖在作怪，而是被水银湖上散发的高浓度的水银蒸气所毒死的。

喷火的老牛

在荷兰的一个小山村里，曾经发生过这样一件怪事。一个兽医给一头老牛治病，这头牛一会儿抬头，一会儿低下头，蹄子不断地打着地，好像热锅上的蚂蚁坐卧不安。近日来，它吃不下饲料。肚子却溜圆。手指一敲"咚咚"直响。兽医诊断后认为，这牛肠胃胀气。他为了检查牛胃里的气体是否通过嘴排出来，便用探针插进牛的咽喉，当他在牛的嘴巴前打着打火机准备观察时，万万没有想到牛胃里产生的气体熊熊地燃烧了起来，从牛嘴里喷出长长的火舌。

燃烧的甲烷

兽医看罢大吃一惊，急忙后退几步。牛见火也受惊了，挣断了缰索，在牛棚里东窜西跳，燃着了牧草，引起一场冲天大火。虽然，兽医等人全力抢救，但也无济于事。致使整个牛棚和牧草化为一片灰烬。

这头牛为什么会喷火呢?

经有关人员的研究分析得出结论：牛喷出的气体是甲烷。

甲烷的分子式为 CH_4，在沼泽的底部往往有气泡逸出，因此又得名沼气。甲烷是一种无色、无味的气体，化学性质比较稳定，可以燃烧并产生大量的热，因此，它是一种燃料。可以把有机废物像人、畜的粪便，麦秆、茎叶、杂草、树叶等特别是含纤维素的物质作为原料，在沼气池内发酵。

明白了甲烷产生的条件，我们很容易弄清那头牛为什么会喷火了。牛吃的饲料是牧草，其主要成分为纤维素。由于牛患病，消化功能衰弱，在胃里进行异常发酵，产生了大量的甲烷引起了肠胃胀气。当兽医插入探针后，就像一根导管一样，把气体引了出来。甲烷易燃，所以遇火即燃，引起了这场大火。

头发揭开谜底

有这样一个故事：1814 年，拿破仑被俘流放，死在圣赫勒拿岛。据美国《百科全书》记载，他死于胃病。多年来，法国人却认为他是被英国人毒死的。但谁也拿不出可靠的证据。一代帝王的死，成了历史上遗留下来的谜!

150 年后，科学家找到拿破仑的一根头发，如获至宝，把这根头发切成小段，放入原子反应堆中接受中子反射，发现头发里含有比正常人多四十倍的砷元素。因此确认，这位 19 世纪在欧洲叱咤风云的人物是死于砷中毒。

为什么纤纤细发竟能解开拿破仑死亡之谜呢?原来，头发跟血液一样，也含有几十种微量元素，它能准确地显示出一个人的健康状况。尽管拿破仑到底是死于人为的放毒呢，还是死于地方性砷中毒，尚无定论，但圣赫勒拿岛上的食物和生活用水，都含有较高的砷，却是谁也不能否定的事实。

当今化学证实，头发颜色及其变化，与所含的金属元素浓度相关。黑色头发含有钼；红棕色头发含有铜、铁、钴；当头发中镍含量增多时，就会变成灰白色。反过来，从头发颜色的变化，可以揭示环境污染的真相。

美国旧金山有两个金发女郎，漂亮的金发逐渐变成绿色。盘根究底，是她们生活在铜矿区，受到铜污染的缘故。

头发犹如环境监测器，时刻在向人们报警：你生活的环境是否有污染，是何种元素作祟，从而采取相应的对策。

大量的化学分析表明，城市居民头发的铅含量，大大高于农村居民，这是由于城市居民长期吸入汽车含铅尾气的缘故；在繁乱的交通线附近的居民和从事铅作业的工人，其头发含铅量更高；生活在海边，一日三餐有鱼虾的人，其头发汞含量比内地人高好几倍。

“鬼谷”之谜

在北美洲西北部，有一片十分宽阔的山谷地。早在15世纪以前，这里曾住过不少印第安人。奇怪的是，当地人常常会突然生病，头发一下脱光，眼睛失明，然后就痛苦地死去，甚至一些动物也逃脱不了死亡的厄运，于是没多久，这里便荒无人迹。由于这片山谷是那样可怕，人们就把这个地方叫“鬼谷”。人们为什么会得这种奇怪的病呢？

第二次世界大战后，一些勇敢的地质学家再次闯入“鬼谷”。经过他们实地考察与实验，原来这里土壤中含有大量硒元素。硒经过植物、河水的“传递”，进入人体。人体硒含量过高就会中毒死亡。

现代科学研究表明，硒是人体必需的微量元素之一。如果缺乏硒，也同样会引起疾病。过去我国黑龙江省克山县，经常流传一种“克山病”，就是由缺硒引起的。这种病来势凶猛，病人开始呕吐黄水、继而心力衰竭，最后突然死亡。后来研究人员把一种叫做亚硒酸钠的化合物制成溶液喷洒在农作物上，人吃了这些植物以后适当补充了硒的含量，从而控制了“克山病”的发生。

现在，“鬼谷”之谜已被揭开，科学家因地制宜，把它变成一个硒的矿场。人们在这片山谷地上种了一种叫紫云英的植物。因为紫云英有一种“吃”硒的本领，时间长了，紫云英的体内就会积累很多硒元素。等紫云英成熟后割下晒干烧成灰，可以提取少量的硒元素。据说，把1公顷紫云英烧成灰后可提取纯净硒元素 2.5 千克。

杀人的二氧化碳

沐浴在晨光中的山村，从睡梦中醒来了。举目望去，成群的牛羊在绿茵茵的山坡上奔跑、嬉戏。接着映入眼帘的便是咯咯觅食的鸡群，呱呱追逐的鸭子……忽然，阵阵欢声笑语传来，循声望去，原来是姑娘在湖边梳洗打扮，碧绿的湖水，山色掩映，还荡漾着村童嬉水玩耍的身影……然而今天，山村的生机荡涤殆尽，就连晨光也好像失去光泽，展现在人们眼前的竟是满目的死尸、毙命的牛羊。生灵在此已不复存在，真是惨绝人寰，令人震惊。这便是中央电视台播放的尼斯湖惨案一组镜头的写实。祸不单行，同在喀麦隆，更大的不幸在玛瑙湖畔发生了。对此人们不禁要问，作恶多端的凶手是谁?

法网难逃，凶手终于“捉拿归案”了。但出于意料的是，凶手竟是人们熟知的二氧化碳气体。二氧化碳何以如此猖狂?又何以致人畜于死地?

经科学家研究发现，微妙的化学平衡使尼奥斯湖、玛瑙湖的水分成了奇特的若干层，而且最深层的水又含有极其丰富的碳酸盐。然而这样的化学平衡并不是稳定的，在外界环境的影响下，特别在地壳活动频繁之际，分层的湖水便会受到扰乱，富有碳酸盐的深层水就会上升，在压力和温度骤然变化下迅速分解，整个湖泊也就成了一个被猛然开启的巨大汽水瓶。虽然二氧化碳本身并没有毒，但空气中含有超过 0.2% 便会对人体有害，超过 1% 以上即会使人畜窒息而亡。因而二氧化碳大量释放下沉，灾难也就不可避免了。

屠狗洞的秘密

在意大利某地有个奇怪的山洞，人走进这个山洞安然无恙，而狗走进洞里就一命呜呼，因此，当地居民就称之为“屠狗洞”，迷信的人还说洞里有一种叫做“屠狗”的妖怪。

为了揭开“屠狗洞”的秘密，一位名叫波尔曼的科学家来到这个山洞里进行实地考察。他在山洞里四处寻找，始终没有找到什么“屠狗妖”，只见岩洞里倒悬着许多的钟乳石，地上丛生着石笋，并且有很多从潮湿的地上冒出来。波尔曼透过这些现象经过科学的推理终于揭开了其中的奥秘。

原来，这个由大量钟乳石和石笋构成的岩洞，即石灰岩岩洞。这里，长年累月地进行着一系列的化学反应：石灰岩的主要成分是碳酸钙，它在地下深处受热分解产生二氧化碳气体。

产生出来的二氧化碳又和地下水、石灰岩的碳酸钙反应，生成可溶性的碳酸氢钙。

当含有碳酸氢钙的地下水渗出地层时，由于压力降低，碳酸氢钙分解又释放出二氧化碳，并从水中逸出。

因为二氧化碳比空气重，于是就聚集在地面附近，形成一定高度的二氧化碳层。当人进入洞里，二氧化碳层只能淹没到膝盖，有少量的二氧化碳扩散，人只有轻微的不适感觉，然而处在低处的狗，却完全淹没在二氧化碳层中，因缺乏氧气而窒息死亡，这就是屠狗洞屠狗而不伤人的道理。

集体“发疯”之谜

多年前，日本有个村庄发生了一起可怕的集体“发疯”事件。有 16 个村民突然一起“发疯”了。这些“疯子”一会儿哭哭啼啼，一会儿又哈哈大笑；发作时两手乱摇，颤抖不止，而下肢发硬直，如此反复发作，直至“疯死”。这起集体“发疯”事件经多方研究调查，发现这些人喝的是同一口水井中的水，考察水井，又在旁边挖出了大量废旧、破烂的干电池。原来这是水井的水受干电池中某些有害成分污染而造成的。

据环境科学研究表明，废旧干电池中的锌、二氧化锰等成分长期埋在地下，会与土壤中化学物质发生作用，生成锌锰酸式盐。它渗入地下，极易污染饮用水，而这一群村民正是长期饮用这种水，造成积性中毒，才有上述“发疯”症状。

干电池在制造过程中还使用一定量的汞，其中含汞最多的锌汞电池约占电池重量的20%～30%，碱性干电池约为13%，普通锌锰电池含汞较少。汞对人体是一种有害蓄积性中毒物质，极易污染环境，特别是水质，造成种种危害。

醋酸巧反应——蛋中藏情报

醋酸又叫乙酸，是一种无色的有强烈的刺激性气味的液体，熔点较低，室温低于16.6℃时，乙酸很容易凝结成冰状固体。无水醋酸又称冰醋酸。乙酸易溶于水和乙醇，具有酸的通性，能发生酯化反应等。乙酸是人类最早使用的一种酸，可用来调味。乙酸在工业上有广泛的用途，是一种重要的化工原料，还可用于生产医药、农药等。除此以外，在战争年代醋酸还为传送情报作过贡献。

第一次世界大战中，索姆河前线德法交界处法军哨兵林立，对过往行人严加盘查。一天，有位挎篮子的德国农妇在过边界时受到盘查。篮内都是鸡蛋，毫无可疑之处。一位年轻好动的法军哨兵顺手抓起一只鸡蛋无意识地向空中抛去，又把它接住。此时那位农妇立即变得情绪很紧张，这些引起了哨兵长的怀凝，鸡蛋被打开了，只见蛋清上布满了字迹和符号。

原来，这是英军的详细布防图，上面还注有各师旅的番号。这个方法是德国的一位化学家给情报人员提供的。其做法很简单：用醋酸在蛋壳上写字，等醋酸干了以后，无任何痕迹。然后将鸡蛋煮熟，字迹便会奇迹般地透过蛋壳印在蛋清上。

为什么化学家能巧出主意，在蛋中隐藏机密呢？这主要是醋酸与其它物质反应的结果。鸡蛋壳的主要成分是碳酸钙，用醋酸写字时，醋酸与鸡蛋壳碳酸钙反应，生成了醋酸钙，然后醋酸渗入蛋壳，和鸡蛋清发生反应，鸡蛋清是可溶性蛋白质，蛋白质是由多个a－氨基酸分子间失水形成酰胺键而组成的链状高分子化合物。它不很稳定，在受热、紫外线照射或化学试剂如硝酸、三氯乙酸、单宁酸、苦味酸、重金属盐、尿素、丙酮等作用下，发生蛋白质凝固、变性。渗入的醋酸，与鸡蛋清发生反应，在蛋清上留下了特殊的痕迹，待鸡蛋煮熟后就会有清晰可认的字迹来。所以化学家巧用醋酸反应，把情报妙藏在蛋中。

围裙着火之谜

1846年的一天，位于瑞士北部的巴塞尔大学的化学教授舍拜恩回到家里以后，还念念不忘他的科学研究工作。在稍作休息以后，他又走进了厨房。这个厨房不仅仅是教授夫人做饭烧菜的地方，同时也是教授的化学实验室。在他的家里，这是唯一适合做化学实验的地方。舍拜恩的实验刚开始不久，他一不小心就将盛着浓硝酸和浓硫酸混合物的烧杯打破了。这是两种腐蚀性很强的液体，它们流到了干净的地板上。舍拜恩当然很清楚，接着会产生什么样的后果。他立刻想到，应该尽快地把地板擦干净，以免地板被腐蚀。可是，教授平时从来不做家务劳动，在慌乱中连拖把也找不到。这时，他忽然看见了妻子做饭时用的棉布围裙。作为权宜之计，舍拜恩只好用围裙把地板擦干净。擦完以后，他随手就把围裙洗干净，并放在炉子边上，以便把围裙烤干。

不久，出乎舍拜恩意料之外的事情发生了。围裙在烤干以后，突然着起火来。最后，围裙竟然在火炉边上消失了。舍拜恩毕竟是一位科学上的有心人，他当然不会放过这个偶然的发现，而且认为：在偶然性的背后必然存在着一种必然性。于是，舍拜恩开始设计一个实验，模拟“围裙着火”的现象。他把棉花和浓硫酸、浓硝酸放在一起，让它们发生化学反应，结果生成了一种浅黄色的、外观与棉花纤维很相似的物质（舍拜恩把它叫做火棉）。他认为将这种浅黄色的物质干燥以后，在高温下就能够燃烧，并且烧得一干二净。实验的结果果然如此。他还发现，这种物质受到冲击时会发生爆炸。到此为止，“围裙着火之谜”终于解开了。原来，围裙中的棉花（由纤维素组成）与浓硫酸和浓硝酸作用，产生了新的物质。

硝酸与第一次世界大战

硝酸不仅是工农业生产的重要化工原料，而且也是重要的战争物资。

初制造硝酸的方法是普通硝石法，即是硝石与硫酸反应，来制取硝酸的。但是硝石的贮量有限，因此硝酸的产量受到限制。

早在1913年之前，人们发现德国有发动世界大战的可能，便开始限制德国进口硝石。这样便以为世界会太平无事了。1914年德国终于发动了第一次世界大战，人们又错误地估计，战争顶多只会打半年，原因是德国的硝酸不足，火药生产受到了限制。由于人们的种种错误分析，使得第一次世界大战蔓延开来，战争打了四个多年头，造成了极大的灾难，夺去了人们无数的生命财产。德国为什么能坚持这么久的战争呢？是什么力量在支持着它呢？这就是化学，德国人早就对合成硝酸进行了研究。

1908年，德国化学家哈柏首先在实验室用氢和氮气在600℃、200个大气压下合成了氨，产率虽只有2%，这也是一项重大的突破。后由布什提高了产率，完成了工业化设计，建立了年产1000吨氨的生产装置，用氨氧化法可生产3000吨硝酸，利用这些硝酸可制造3500吨烈性TNT。这项工作已在大战前的1913年便完成了。这就揭开了第一次世界大战中的一个谜。

魔火与化学

公元673年，阿拉伯舰队入侵到了君士坦丁堡，而当时拜占廷帝国的希腊人只有为数不多的几只战船，双方的实力相差太悬殊了。在那种险境里，有谁会料到，来挽救希腊人的，不是友军的军团或舰队，而是自己的化学兵团，是一种出奇制胜的奇怪的火。

不知是哪位喜欢研究炼金术的希腊建筑师，无意中发现了一种能在水面上着火的燃烧剂。正是这种燃烧剂，把阿拉伯舰队周围的水面变成一片火海，烧得敌人毫无还手之力。

侥幸逃命的阿拉伯士兵说，希腊人叫“闪电”燃烧了舰船，有说希腊人掌握了“魔火”，连海都着火了。

从这以后，拜占廷的舰队凭借着“魔火”在海上称霸了几个世纪。他们总打胜仗，神气极了，欧洲人把这种燃烧剂叫做“希腊火”。多少年过去了，这种“希腊火”的秘密才被化学家揭开，原来它不过是由普通的两种物质——石灰和石油组成。使用这种燃烧剂时，生石灰遇水放出热量，足以将石油蒸汽点着，燃烧剂就在水面上发火燃烧开来。

当希腊人利用他们的“魔火”在地中海耀武扬威的时候，我们中国人早已在其一百多年前发明了由硝石、硫磺和木炭组成的燃烧剂，利用它来作焰火、黑火药和火箭。

温度超低的“冰”

在美国南部的得克萨斯州，一个钻探队曾遇到了一件怪事：当他们用钻探机往地下打孔勘探油矿时，突然有一股强大的气流从管口喷出，立刻在管口形成一大堆雪花似的“冰”。好奇的勘探队员，像孩子般高兴地用这些“冰”滚起雪球来了。这下可不得了啦！许多队员的手被冻伤，过不了多久，许多人皮肤开始发黑、溃烂。这究竟是怎么一回事呢？

原来，那雪花似的“冰”不是由水而是由二氧化碳凝结而成的。这种固体二氧化碳在常温下融化时，能直接气化为二氧化碳气体，所以很快就销声匿迹，而周围仍旧干干的，不像冰融化后会留下水迹，因而又名“干冰”。论外貌，干冰和普通的冰确实很相像，只是干冰的温度要比普通冰更低（-78.5°C）。在这样低的温度下，难怪钻探队员的手会冻坏。

干冰的用途十分广泛，可以用作强制冷剂。用干冰冷藏鱼、肉之类食品时，运输途中不会弄得到处湿漉漉的；食物在地窖中用干冰冷藏，可以存放更长时间。更奇妙的是，在许多影片和电视剧中那些云雾缭绕的景象也是干冰的功劳，因为干冰在空气中气化形成大量二氧化碳气体，呈现在观众面前的就是一片“白茫茫”的景象。此外，干冰还是人工造雨的能手。

梦见的化学结构

苯在1825年就被发现了，此后几十年间，人们一直不知道它的结构。所有的证据都表明苯分子非常对称，大家实在难以想象6个碳原子和6个氢原子怎么能够完全对称地排列、形成稳定的分子。1864年冬的某一天，德国化学家凯库勒坐在壁炉前打了个瞌睡，原子和分子们开始在幻觉中跳舞，一条碳原子链像蛇一样咬住自己的尾巴，在他眼前旋转。猛然惊醒之后，凯库勒明白了苯分子是一个环——就是现在充满了我们的有机化学教科书的那个六角形的圈圈。

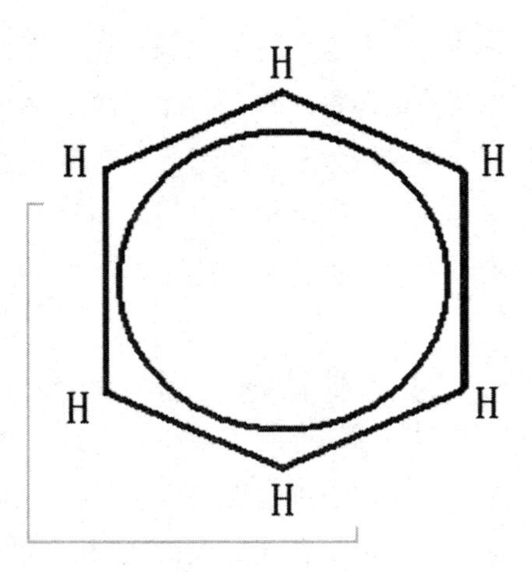

苯环的分子结构

1921 年复活节星期天之前的夜晚，奥地利生物学家洛伊从梦中醒来，抓过一张纸迷迷糊糊地写了些东西，倒下去又睡着了。早上 6 点钟，他突然想到，自己昨夜记下了一些极其重要的东西，赶紧把那张纸拿来看，却怎么也看不明白自己写的是些什么鬼画符。幸运的是，第二天凌晨 3 点，逃走的新思路又回来了，它是一个实验的设计方法，可以用来验证洛伊十七年前提出的某个假说是否正确。洛伊赶紧起床，跑到实验室，杀掉了两只青蛙，取出蛙心泡在生理盐水里，其中一号带着迷走神经，二号不带。用电极刺激一号心脏的迷走神经使心脏跳动变慢，几分钟后把泡着它的盐水移到二号心脏所在的容器里，结果二号心脏的跳动也放慢了。这个实验表明，神经并不直接作用于肌肉，而是通过释放化学物质来起作用，一号心脏的迷走神经受刺激时产生了某些物质，它们溶解在盐水里，对二号心脏产生了作用。神经冲动的化学传递就这样被发现了，它开启了一个全新的研究领域，并使洛伊获得 1936 年诺贝尔生理学和医学奖。

还有一个重要的梦发生在 1869 年 2 月，它关系到化学王国的宪法——元素周期律。当时已经发现了 63 种元素，科学家无可避免地要想到，自然界是否存在某种规律，使元素能够有序地分门别类、各得其所？时年 35 岁的化学教授门捷列夫苦苦思索着这个问题，在疲倦中进入了梦乡。在梦里他看到一张表，元素们纷纷落在合适的格子里。醒来后他立刻记下了这个表的设计理念：元素的性质随原子序数的递增，呈现有规律的变化。门捷列夫在他的表里为未知元素留下了空位，后来，很快就有新元素来填充，各种性质与他的预言惊人地吻合。

第一个享用氧气的老鼠

我们知道，没有氧气，人类就不能生存。然而，是谁发现了氧气呢？在众多讨论发现氧气的著作中，约瑟夫·普利斯特里所著的名为《几种气体的实验和观察》，最饶有兴味。

气体化学之父普利斯特里

约瑟夫·普利斯特里在1733年3月13日生于英国约克郡利兹市附近的菲尔德海德镇。他一生大部分时间实际上是当牧师，化学只是他的业余爱好。他所著的《几种气体的实验和观察》于1766年出版。在这部书里，他向科学界首次详细叙述了氧气的各种性质。他当时把氧气称作“脱燃烧素”。

普利斯特里的试验记录十分有趣。其中一段写道：“我把老鼠放在‘脱燃烧素’的空气里，发现它们过得非常舒服，我自己受了好奇心的驱使，又亲自加以试验。我想读者是不会感到惊异的。我自己试验时，是用玻璃吸管从放满这种气体的大瓶里吸取的。当时我的肺部所得到的感觉，和平时吸入普通空气一样；但自从吸过这种气体以后，经过好多时候，身心一直觉得十分轻快舒畅。有谁能说这种气体将来不会变成时髦的奢侈品呢？不过现在只有我和两只老鼠，才有享受呼吸这种气体的权利啊！”当时，他没有把这种气体命名为“氧气”，而只是称它“脱燃烧素”。在制取出氧气之前，他就制得了氨、二氧化硫、二氧化氮等，和同时代的其他化学家相比，他采用了许多新的实验技术，所以被称之为“气体化学之父”。

1783年，拉瓦锡的“氧化说”已普遍被人们接受。虽然普利斯特里只相信“燃素学”，但是他所发现的氧气，却是使后来化学蓬勃发展的一个重要因素，各国人民至今都还很怀念他。

昆虫的“步话机”——外激素

当一个蚂蚁找到食物以后，能唤来许多蚂蚁共同搬运，好像带有“步话机”似的。其实它们交换情报不是利用语言，而是用化合物分子作信息。这些化合物叫做外激素。昆虫有多种外激素，其中重要的是性外激素。雌虫在产卵前会释放性外激素，雄虫灵敏的触角接受到这种分子，就能从几里外的地方追踪来与它相会。尽管每个昆虫分泌的性外激素的量很少，科学家们还是从大量的昆虫体内提取到这些分泌物，经过分离、鉴定，了解了它们的组成和结构，通过人工合成就能得到这些物质。

蚂蚁捕食

人工合成的昆虫性外激素同样能起引诱作用，上当的雄虫纷纷自投罗网。没有雄虫，雌虫产下的卵也不会孵化。这种灭虫的方法，称为生物灭虫法。它用药量少，无抗药性，效率高，对害虫的天敌没有危害，也不会污染环境。昆虫性外激素大多数是小分子的有机化合物，而且常常是几种化合物的混合物。同一种类的昆虫，在不同的季节释放的性外激素，有不同的组成与含量。如果不掌握性外激素的规律性，也不能诱骗昆虫。另外，每种昆虫都有自己专用的通讯密码，这给研究和应用带来困难。所以，生物灭虫法在目前还不能完全代替农药灭虫。

会喷火的鱼

你见到过各种各样的鱼，也许还没有听说过会喷火的鱼吧！但世界上确实存在着这种鱼，“喷火”只是它的一种微妙的护身武器。这种鱼是如何发现的，又为什么会喷火呢？

有一天夜晚，在南印度洋上捕鱼的几个渔民，突然发现平静的海面上火光闪闪，但又没有发现任何船只，他们诧异地将小船向火光处驶去。不料。到了那里，一束束绿色的火焰喷向渔船，小船瞬间便处于密集的喷火包围之中，只得赶快调转船头，迅速驶离火海。原来，这是一种性嗜群游的喷火鱼，它们平时能从食物中摄取含磷的有机物。并不断在体内积存起来，一旦遇到敌害或船只，数以百计的喷火鱼就会同时喷出这种含磷物质，由于这种物质中的白磷或磷化氢在空气中能自燃，因而形成一束较长的绿色的火焰。由此，我们会联想到人们常说的“鬼火”。其实，我们人体内含有大量的磷，据测定，每个人体内大约含磷1千克，在人或动物尸体腐烂分解时，这些磷就会生成一种磷化氢气体，这种气体遇到空气就会自燃，这就是“鬼火”的由来。

那么，海洋里的磷质来自何方呢？原来，由于大陆岩石风化后，产生了许多磷酸盐溶液，它经河流搬运入海。此外，海底火山喷发也会“吐”出大量的磷，它们被海洋浮游生物所吸收，这些生物死后，沉入海洋深处，同时不断分解生成磷酸盐，当磷酸盐被上升的海洋流带入浅海地区时，由于水温升高、压力降低，磷酸盐的溶解度便降低，于是它就在海底沉淀下来，形成一种叫磷块岩的矿石，这些矿石为喷火鱼提供了丰富的磷资源。

环境污染

温柔的魔鬼二氧化碳

在自然界的物质循环中，碳的循环是比较简单的。让我们先来看一看碳所走过的路。

碳是生物界里的主角。它是构成有机体最基本的元素之一，占机体总干重的49%。自然界中碳的循环，与二氧化碳密不可分。大气是二氧化碳的贮藏仓库，绿色植物在进行光合作用时，从大气中吸取二氧化碳，在光能的作用下，合成碳水化合物，然而，碳沿着食物链的路线，从植物到动物到人，在每一个营养级上，随着生物的呼吸都有一部分二氧化碳回到大气中；生物的遗体和排泄物被细菌分解后，也能释放出二氧化碳。

在生物圈中不停运行的碳只占自然界中碳的总量的一小部分，其余绝大部分以碳酸盐的形式被禁锢在岩石圈内，几乎没有资格去“旅行”。稍稍幸运的是地球表面的碳酸岩，它被风化后也能产生二氧化碳，可以自由来去。地下深处的碳酸岩，往往要遇到火山爆发等剧烈的地质活动才有出头之日，火山喷发出的气体中含有大量的二氧化碳、一氧化碳等含碳的气体。

在无数的化学气体中，二氧化碳留给人们的印象似乎是很温和的，它时时刻刻伴随着人们的生活，可又与人无涉，既不帮助你生存，又不妨碍你生存。然而，数年前一场震惊世界的灾难却让我们对二氧化碳刮目相看。

那是1986年8月22日晚上9时30分左右，喀麦隆一座面积不到2平方千米的小小火山湖——尼奥斯湖发出了一声沉闷的巨响，几股强大的气体从湖底冲出，然后一切又归于平静。逸出的气体悄无声息地向村庄扑去，气体弥漫之处传来阵阵呻吟。第二天早上，离湖最近的尼奥斯村屋宇依旧完好，树木依旧苍翠，可全村竟然只剩下两个活人。其余的人和家畜、家禽全都死掉了。8 月 29 日，联合国救灾协调专员办事处在日内瓦宣布：尼奥斯湖灾难中的死亡人数达 1746 人。

后来，许多科学家研究后作出了这样一个解释：从尼奥斯湖喷出并酿成灾难的是二氧化碳气体。

在尼奥斯湖畔有一座活火山阿库火山，虽然已有百余年没有喷发，但却一直慢慢从湖底的火山裂缝中散发出二氧化碳，并渗入湖中。微妙的化学平衡使含有大量碳酸氢盐的湖水处于湖水的最底层。而碳酸氢盐素来不稳定。那天晚上下了暴雨，大量的地表水进入湖中，使湖水出现搅动，富含碳酸氢盐的深水上翻，同时释放出大量的二氧化碳。这令人窒息的二氧化碳夺走了 1746 人的宝贵生命。

二氧化碳是一种比较重的气体，当它弥漫开来的时候，就会把人与氧气隔离开来。人长时间离开了氧气，就会窒息而亡。表面温和的二氧化碳终于露出了它的真面目。但是，这也正是二氧化碳作为灭火剂的重要原因之一，看来，有一弊就有一利。

随着工业的发展，人类又为碳的循环加入了一个新的因素：煤被大量开采和使用并释放出大量的二氧化碳，20 世纪石油和天然气的大量消耗也增进了碳的循环。

人口的过快增长和工业的迅猛发展，使得人类生存和活动所产生的二氧化碳大大超过了植物和海洋所能吸收的总量。与此同时，由于人类的滥砍滥伐，森林面积正以每天 4370 公顷的速度从地球上消失。正常情况下一公顷阔叶林在生长季节里一天要消耗 1 吨二氧化碳，这就意味着大气中的二氧化碳的贮存要比原来每天多 4370 吨。所以，从 1860 年到 1970 年的一百多年间，大气中的二氧化碳的浓度，从 0.028% 增加到 0.032%，这个数字后面所蕴含的祸害之一，便是人们所说的“温室效应”。

温室效应引起的全球气候变暖，还会引起降雨带北移，造成作物带和耕作区的变更，给人类带来灾难。物种应该是气候变暖的最先受害者，许多物种会随着气候的变暖而灭绝。如果继续发展下去，蟑螂、老鼠、跳蚤和苍蝇将会以惊人的速度繁殖，这个世界将变成害虫的天下。

大气中的化学污染

工业污染

18 世纪中叶，随着工业革命的爆发，大气污染就来到了人间。二百多年来，特别是20 世中叶以来，工业和交通运输迅速发展，城市人口高度集中，到处工厂林立，大大小小的烟囱，浓烟滚滚；四处奔驰的汽车，喷着黑烟；还有火车、轮船、飞机……这一切都在不停地向大气排放有毒的气体和粉尘，是大气污染的重要来源。

此外，农业上使用的化肥，如喷洒的农药也会有一部分扩散到大气中引起污染，城市居民烧饭使用的小煤炉也能产生数量可观的烟尘和有害气体。

大气污染的危害是很严重的，它损害人的健康，甚至夺去人的生命；它影响动植物的正常生长，破坏生态平衡；它还腐蚀侵害建筑物和金属制品；上个世纪，国际上著名的八大公害事件就有五件是由于大气污染造成的。

1930 年 12 月，在比利时的马斯河谷，由于那里的硫酸厂、炼钢厂等排放二氧化硫、三氧化硫等有毒气体，形成了强烈刺激人体呼吸道的酸性烟雾，造成60 人中毒身亡。

1948 年 10 月，在美国宾夕法尼亚州地处山谷的多诺拉镇，由于硫酸厂、钢铁厂、炼锌厂等排放二氧化硫等有毒气体及金属微粒，而且当时气候反常，有害气体聚集在山谷扩散不开，结果造成这个只有14000 多人的小镇竟有近6000 人病倒，20 人死亡。

日本的四日市是第二次世界大战后兴起的一个石油化工城市，那里有三个大型石油联合企业和一百多个中小型化工厂，这些工厂每天排出大量的二氧化硫和铅、锰、钛等金属粉尘，使四日市终年黄烟弥漫，人们长年累月地吸入这种有毒的烟雾。这种烟雾形成支气管炎、支气管哮喘、肺气肿等呼吸道疾病，统称为“四日市哮喘病”。以后这种病又蔓延到大阪、横滨、名古屋等各大城市，甚至日本全国，患者高达6000 多人。在毒雾严重的时候，会造成患者死亡。

美国的洛杉矶是有名的汽车城，从 1946 年起那里出现了一种带刺激性的浅蓝色的烟雾，它是汽车废气和石化燃料的燃烧排入大气的一氧化碳、二氧化硫、氮氧化物及碳氢化合物，在太阳光紫外线的照射下，发生光化学反应生成的一种有毒的烟雾，最早发现于洛杉矶，所以叫洛杉矶光化学烟雾。

大气污染造成的五大公害事件中，最严重的是1952 年12 月英国伦敦的烟雾事件。当时，有雾都之称的伦敦连日大雾，而且几乎完全无风，各工厂烟囱排出的煤烟粉尘和二氧化硫气体扩散不开，家家户户做饭取暖的小煤炉也不断地冒出黑烟，加上那几天在 60～150 米的低空存在反常变化，高层空气的温度反而比低层的高，上层的暖空气就像一个“大碗”一样扣住伦敦，使地面排出的烟尘无法向高空扩散。因此，烟尘越积越多，浓度越来越大，最高时大气中的烟尘达 4.5 毫克/米^3，二氧化硫达 3.8 毫克/米^3。浓烈的煤烟和硫磺味熏得人们咳嗽不止，大多数人都感到胸口窒闷、呼吸

1952 年伦敦烟雾事件

困难、疼痛，病人越来越多，死亡率急剧上升。在12月5日到8日的四天中，就有4000多人中毒身亡。在后来的三个月中，又有8000人丧生。

大气污染还包括核爆炸后散落的放射性物质，而且这些物质已成为大气污染的来源之一。1945年美国在日本的广岛和长崎投下了两颗原子弹，造成了巨大的伤害和污染；战后无数次的核爆炸实验，不断地向大气排放放射性污染物；就连和平利用原子能的过程中，也会发生意外事故，酿成骇人听闻的惨案。1986年4月26日凌晨1点24分，前苏联的切尔诺贝利核电站的第4号反应堆发生了爆炸，这是迄今为止原子能和平利用史上最严重的一次事故。根据前苏联的计算，有50兆居里的最危险的放射性物质和约50兆居里的惰性放射性气体被释放了出来。放射性物质随着气流飘荡，越过了国界，对欧洲的许多国家造成了污染，我国北部的内蒙、新疆地区也受到影响。事故发生后，前苏联政府组织距核电站30公里以内地区的116000人紧急撤离，但核污染造成的伤害和严重的后果仍然是相当可怕的。据科学家当时预测，在今后几十年内，前苏联西部和欧洲其他国家，将有5000~75000人死于核辐射。

切尔诺贝利核电站事故

上面列举的公害事件，无一不和工业有关。工业的发展给人类带来了财富和进步，创造了舒适的生活条件和物质文明，但它也带来了环境的污染，危害着人类的安全。当然，在污染面前，人类也不是束手无策的。相反，人类可以采取各种办法控制污染、治理污染、化害为利，造福于人类。

粉尘污染

烟囱中排出的浓烟是大气污染的一个重要来源。这种浓烟的成份是很复杂的，它既含有固体粉尘，又含有大量的二氧化碳、二氧化硫和一氧化碳等气体，以及许多有害的有机化合物。

烟囱中冒出的固体粉尘包括炭黑和燃料中不能燃烧的粉尘。炭黑是燃料燃烧时空气供应不足，温度比较低，部分燃料发生热分解而生成的。燃料的燃烧越不完全，生成的炭黑越多，冒出的浓烟的颜色也越深。

向大气散发粉尘的除工厂烟囱外，还有许多厂矿的生产过程，例如水泥厂、石灰厂、石棉厂等都产生大量粉尘。排入大气的粉尘，由于来源不同，其成份、颗粒大小、轻重和形状也各式各样，一般按它们的粒径大小分为降尘和飘尘两大类。

粒径大于 10 微米的粉尘叫做降尘，水泥、石灰、矿石粉、煤粉和金属粉尘都属于这一类。由于它们的粒径较大，比重也比较大，因此，能够靠着自身的重力向地面沉降，难以在空中长时间停留，扩散的距离不会太远。另外，粉尘的扩散情况，还与风向风速有密切关系，上风方向的降尘范围和数量都远远低于下风方向。因此，在考虑工业布局和厂矿建设的时候，应当把生产过程中要排放大量粉尘的厂矿，尽量建在居民区的下风方向，并且离开一定的距离，以减少其对人的危害。

冒着浓烟的烟囱

粒径小于10微米的粉尘叫飘尘，它的成分较复杂，包括有机物和无机物。飘尘体小身轻，通常人眼看不见，它受重力的影响比较小，因此能够长期停在大气中甚至飘洋过海。

烟尘虽然只占大气污染物的1/6左右，但对人类造成的危害很大。降尘破坏人类生活的卫生条件，污染衣物、家具、食品，但由于颗粒较大，不易进入人体肺部。而粒径小于5微米的飘尘即可不受鼻腔、气管、支气管的阻留进入肺部，人吸入后会引起各种呼吸道疾病和肺癌。还有一些飘尘能导致鼻咽炎，甚至会和空气中的有毒气体二氧化硫协同作用，加剧对人体的危害。烟尘还能大量吸收太阳光中的紫外线，降低地面阳光中紫外线的强度，间接使两岁以内儿童佝偻病的发病率升高，不利于儿童的生长发育。

有毒气体

在排放到大气的污染物中，大部分是各种有毒的气体，它们有上百种之多。其中排放量大、影响范围广、对人类危害较大的有一氧化碳、二氧化硫、硫化氢、一氧化氮、二氧化氮、氨气等。

一氧化碳在排放到大气的污染气体中居第一位，几乎占了一半。它是一种没有颜色，也没有气味的气体，几乎不溶于水，在空气中不易和其他物质发生化学反应，因此，能在大气中停留很长时间。

汽车的尾气中含有大量的一氧化碳

一氧化碳主要来源于各种燃料的不完全燃烧。其中以汽车尾气中排出的一氧化碳最多，约占 80%，成为城市大气中一氧化碳污染的主要来源。其次，海洋及陆地各种动植物的代谢物和残骸的分解也能产生大量的一氧化碳，排入大气。另外，冬季供暖锅炉和家庭的小煤炉产生的一氧化碳，不仅污染室内空气，也增加了城市的大气污染。

一氧化碳是我们通常所说的煤气的主要成分，它是冬天不时发生的煤气中毒事件的罪魁祸首。这是由于一氧化碳进入人体后经过肺泡进入血液，它和血液中血红蛋白的结合能力比氧气和血红蛋白的结合能力强240 倍，一氧化碳抢先和血红蛋白结合，使血红蛋白丧失了和氧气结合的能力，无法完成输送氧气的任务，这样，人就会缺氧，出现脉弱，呼吸变慢，头晕心慌，中毒严重者昏迷不醒，直至死亡。近年来，许多动物实验和流行病学调查资料表明，长期接触低浓度一氧化碳也会造成慢性中毒，主要对心血管系统和神经系统有影响。

二氧化硫主要来源于含硫燃料的燃烧，含硫矿石的冶炼，以及化工、炼油和硫酸厂等的生产过程。固体燃料煤中一般含有 0.1% ~5% 的硫，有的甚至高达 10%，主要以硫化物的形式存在；液体燃料石油中也含有 0.8% ~3% 的硫，主要以有机硫的形式存在；气体燃料中的硫主要是硫化氢。在燃料燃烧时，各种形式的硫都氧化成二氧化硫，散发到大气中。有色金属矿中硫的含量比煤和石油还高，因此，在冶炼过程中必然产生大量的二氧化硫，其烟气中二氧化硫的含量，一般为 2.5% ~5%，最低也在 1% 左右。有色金属冶炼排放的二氧化硫的总量仅次于煤和石油等燃料的燃烧，是大气中二氧化硫污染的主要来源之一。

二氧化硫对人体健康的危害是很大的。首先，二氧化硫气体对呼吸道有强烈的刺激作用。二氧化硫能溶于水，当它通过鼻腔、气管和支气管时，能被管腔内膜的水分吸收，变成亚硫酸和硫酸，刺激作用明显增强。进入血液的二氧化硫，可以通过血液循环抵达肺部，对肺部产生刺激作用。前面已经提到，如果二氧化硫和飘尘一起进入人体，危害更大。二氧化硫的刺激作用，能够引起各种呼吸道疾病，如慢性鼻咽炎、慢性气管炎、支气管哮喘、肺心病等。其次，二氧化硫还有一定的促癌作用。

除了对人体健康的危害外，二氧化硫还能损害农作物，腐蚀建筑物和金属设备，使纺织品、皮革和纸张变质、变脆。

排放到大气中的二氧化硫不会转化成无害物质，恰恰相反，它能在某些催化剂的作用下，氧化成三氧化硫，进而变成硫酸烟雾，它们的毒性都比二氧化硫大得多。因此，预防二氧化硫污染的最根本措施是减少或消除污染源，如改进燃料的燃烧方法，安装净化的除尘装置，开展综合利用回收二氧化硫废气等。

除了二氧化硫以外，对大气造成污染的含硫气体还有硫化氢。它是一种无色、有臭鸡蛋味的气体，空气中硫化氢的含量为0.025毫克/千克~0.1毫克/千克时，一般人就能闻到它的臭味。

有些工厂向大气排放硫化氢，如炼油厂、炼焦厂、煤气厂、人造丝厂、染料厂、橡胶厂等。在自然界，生物体腐烂、细菌分解土壤中的有机物也会产生大量的硫化氢。

硫化氢对人的神经有强烈的刺激作用。在特殊的气象条件下，硫化氢也可积聚，形成烟雾。如1950年墨西哥的波赞里卡，由于在用天然气生产硫磺的过程中，发生硫化氢泄漏，造成320人中毒，22人死亡的惨案。

大气污染物中还有一个重要的角色，那就是氮的氧化物。氮的氧化物种类很多，作为排放到大气中的污染物主要是一氧化氮和二氧化氮。一氧化氮是无色无味的气体，二氧化氮是红棕色有恶臭的气体。一氧化氮在空气中容易与氧化合生成二氧化氮。

氮氧化物的来源有三条途径。一是空气中的氮或燃料中的氮在燃烧过程中产生，燃烧的温度越高，生成的一氧化氮越多；二是制造硝酸和大量使用硝酸的工厂，在生产过程中，排出大量含有氮氧化物的废气；三是汽车尾气中也含有大量氮氧化物。

一氧化氮和一氧化碳一样，也能和血液中的血红蛋白结合，而且结合能力比一氧化碳强得多。一氧化氮和血红蛋白结合后，能造成血液缺氧而引起中枢神经麻痹。因此当一氧化氮浓度较大时，对人体的危害也是很大的。幸而燃料燃烧时，除生成氮氧化物外，还生成了一氧化碳，汽车排出的废气中也同时含有一氧化氮和一氧化碳，而这两种气体在一定条件下可以互相反应，生成二氧化碳和氮气。这样就在一定程度上减少了大气的污染。

二氧化氮的毒性比一氧化氮大，它有特殊的刺激性臭味，对呼吸道和肺部有严重的刺激作用，能引起支气管哮喘、肺水肿等疾病。二氧化氮对心、肝、肾造血系统也能造成损害。除了氮的氧化物以外，一个氮原子和三个氢原子结合成的氨也是大气的一个污染成分。我们知道，氨水是一种优质化肥，但散逸到大气中去的氨气却是有毒的。

氨是一种无色、有强烈刺激性臭味的气体，向大气排放氨气的企业主要是化肥及其他各类化工厂，全世界每年排放的总量为0.04 亿吨。氨对人体的危害主要是刺激黏膜和眼、鼻、咽喉。如在污染源附近积聚的浓度较高时，就会对人体造成危害，甚至有致命的危险。

可怕的碳氢化合物

近几十年以来，由于有机合成工业和石油化学工业的发展，以及汽车等现代化交通工具的急剧增加，进入大气中的有机化合物的种类和数量越来越多。据统计，光汽车尾气中就包含有 150 ~ 200 种不同的碳氢化合物(由碳和氢两种元素构成的一类有机化合物的总称)。许多有机化合物具有恶臭，对人体的各个器官有刺激作用，还有不少对内脏有毒害作用或致癌作用。因此，对有机化合物污染大气所造成的危害，决不能等闲视之，掉以轻心。下面简单介绍两种分布较广、危害较大的碳氢化合物苯和苯并(a) 芘。

苯在常温下是无色液体，有特殊的气味，容易燃烧。但它常以蒸气状态扩散到大气中，造成污染。大气中苯蒸气的来源主要是三方面，一是煤、石油、天然气等燃料的燃烧；二是石油精炼、甲醛制造以及油漆等化工生产过程；三是汽车等交通工具行驶过程中排出的废气。苯蒸气不但臭，而且有较高的毒性，当空气中苯的含量超过 2.5% 时，就会对人体造成危害。苯中毒轻者可引起头晕、头痛、呕吐、黏膜出血，重者能造成贫血，甚至引起白血病。苯的浓度达到3%时，可导致死亡。

苯是芳香烃（具有苯环基本结构和芳香族化合物性质的一类化合物）

的最基本的化合物，有一些有机化合物由多个苯环构成，称为稠环芳香化合物或多环芳烃。多环芳烃简称PAH，现已发现有2000多种，其中有致癌作用的有20多种，通常所说的强致癌物质苯并（a）芘就是其中的一种。

苯并（a）芘是一种五个环的芳香烃，黄色晶体。苯并（a）芘的来源相当广泛，它是一切含碳的燃料和有机物热解过程中的产物，如果燃烧不完全，则产生的苯并（a）芘更多。煤气厂、焦化厂、火力发电厂、炼油厂等企业都向空气中排入大量的苯并（a）芘。汽车、飞机等交通工具在行驶过程中也向空气排放苯并（a）芘。汽车每行驶0.5千米排出的苯并（a）芘为2.5～33.5微克，而且排放的高度低，直接扩散到人的呼吸带，造成更大的危害。香烟中也含有苯并（a）芘，据推算，由于香烟的种类不同，每100支香烟烟雾中所含的苯并（a）芘的量约为0.2～12.2微克，是室内空气苯并（a）芘污染的重要来源。

动物实验和环境流行病学调查资料表明，苯并（a）芘的致癌作用主要是诱发肺癌。肺癌的发病率和大气中苯并（a）芘的含量密切相关。有一份调查资料指出，当大气中苯并（a）芘浓度为每100米^{3}内10.0～12.0微克时，居民的肺癌死亡率为2.5/万（人）；而当大气中苯并（a）芘浓度达到17.0～19.0微克/100米^{3}时，居民患肺癌的死亡率上升到3.5～3.8/万（人）。我国云南省的宣威县是肺癌的高发病区，主要原因就是当地农民家中使用的是敞口炉灶，烧的是烟煤，因此，室内空气中苯并（a）芘的浓度很高。长期在这种环境中生活，造成了肺癌的高发病率和死亡率。另外，由于香烟中含苯并（a）芘，所以吸烟与肺癌也有密切关系，调查资料表明，吸烟者比不吸烟者患肺癌率高20～50倍。

癌症是一种可怕、死亡率很高的疾病，当然，能够诱发癌症的苯并（a）芘等多环芳烃也是可怕的，如何减少这类物质对大气的污染已经成为一个急待解决的问题。

第二次污染

上面我们谈到的粉尘，二氧化硫、一氧化碳、氮氧化合物和碳氢化合物等大气污染物，都是化石燃料的燃烧、工业生产过程、交通运输工具等直接向大气中排放的有害物质，统称为一次污染物。一次污染物中的某些物质，在一定的条件下，会在大气中发生化学反应，生成新的有害物质，这叫做二次污染，光化学烟雾和酸雨就属于二次污染，它们的危害甚至超过了一次污染物。

前面我们已经提到世界五大公害事件，其中有一件就是 1946 年发生的美国洛杉矶光化学烟雾事件。什么是光化学烟雾？顾名思义，它是指在阳光的参与下一些物质发生化学变化所产生的烟雾，是一种浅蓝色的有毒的烟雾，由于这种烟雾首先发生在洛杉矶，所以又叫洛杉矶烟雾。

洛杉矶光化学烟雾事件

光化学烟雾形成的机理十分复杂，概括地说，它是氮氧化物和碳氢化合物第一次污染物在太阳光中的紫外线作用下，发生光化学反应生成的二次污染物。据科学家研究，认为主要的光化学反应有十几种，通过反应生成了一系列氧化能力很强、毒性很大的物质，其中以臭氧最多，约占85% ~ 90%，其次是过氧乙酰硝酸酯，俗称 PAN，还有少量醛、酮等物质。

由以上光化学烟雾形成的机理和条件来看，就不难理解为什么光化学烟雾多发生在工业发达、汽车很多的大城市。洛杉矶是美国的第三大城市，还是有名的汽车城，在那里，烟囱林立的工厂、飞驶的几百万辆汽车不断地向大气排放氮氧化物和碳氢化合物，再加上那里气候干燥，天气晴朗，所以比较容易形成光化学烟雾。在 1946 年首次出现光化学烟雾以来，又多次发生这种灾害，比较严重的是 1954 年 12 月的那一次，当地有 400 多个 65 岁以上的老人死于非命，郊区的农业生产也受到巨大损失。

除美国外，世界上有些国家的大城市也发生过光化学烟雾。1970 年夏季，全世界有五大城市几乎同时遭受光化学烟雾的袭击。这五大城市是美国的纽约和洛杉矶、日本的东京、意大利的米兰和阿根廷的布宜诺斯艾利斯。我国的兰州西固石油化工地区，1974 年也出现过光化学烟雾。

光化学烟雾的危害主要表现为对人眼有强烈的刺激作用，引起红肿流泪。据有关资料报道，美国加利福尼亚州的某些城市，有将近 3/4 的居民患有程度不同的眼病，这和光化学烟雾的发生有密切关系。光化学烟雾对鼻、咽喉、气管和肺部也有刺激作用，并能使哮喘病人发病，使慢性呼吸系统的疾病加剧，另外，对诱发癌症也能起到一定作用。光化学烟雾的主要成分臭氧和过氧乙酰硝酸酯对植物都有侵害作用。光化学烟雾污染严重时，还会造成树木干枯死亡。

二氧化硫、氮氧化物和二氧化碳等一次污染物在大气中会进一步变化，以酸雨的形式造成第二次污染。按照国际上的统一规定，把 pH 值小于 5.6 的酸性降水称为酸雨，包括液态的雨和雾，固态的雪和雹等。二氧化硫、一氧化氮、二氧化氮等都是酸性氧化物，这几种酸性氧化物在一定条件下，最终变成了硫酸、硝酸或它们的盐类，溶于雨水增加了酸度（即降低了 pH 值），从而形成了酸雨。

酸雨最初发生于 20 世纪 50 年代美国加拿大交界的局部地区。近几十年来，由于化石燃料的消耗量剧增，冶炼硫化物矿石工业的规模不断扩大，进入大气的二氧化硫、氮氧化物、二氧化碳等酸性物质的量不断增加，酸性降水的范围和地区也越来越大。目前，酸雨已成为一种范围广泛、跨越国界的大气污染现象。特别是北美、西欧和日本，酸雨已成为一个令人头痛的环境污染问题，有些地区酸性降水的 pH 值已降到 4 以下。我国每年排入大气的二氧化硫有 1000 多万吨，是世界上排放量较大的国家之一，氮氧化物也越来越多，因此，近年来得到的资料表明，我国已有不少城市和地区降过酸雨。

酸雨的危害性很大：首先，它破坏土壤，危害植物的生长。酸雨下到

酸雨造成的树木死亡

地里，可以使土壤酸化，并把钙、镁、钾、磷等养分溶解带走，使土壤日趋贫瘠。酸雨降到农作物或树木的叶面上，可直接进入植物体中，危害植物的生长。其次，酸雨降到河流湖泊里，严重危害水生动植物的生长。有资料表明，世界上已有不少湖泊，由于水体严重酸化，鱼类已经大大减少甚至绝迹。第三，酸雨对人类也有直接危害，它会刺激人的皮肤，诱发皮肤病。另外，酸雨中的硫酸雾和硫酸盐毒性很大，它的微粒能侵入肺的深部组织，引起肺水肿和肺硬化。第四，酸雨能腐蚀金属制品、油漆、皮革、纺织品和含碳酸盐的建筑材料，在某些国家和地区，由此造成的经济损失是巨大的。例如瑞典，仅城市地区每年因金属物品受腐蚀而造成的损失，就达 20 亿美元。一些蜚声世界的名胜古迹、艺术珍品也遭到了污损，我国北京的故宫、天坛等处的某些露天汉白玉浮雕，也因受到酸雨的侵袭，轮廓变得越来越不清晰。

总之，进入大气并造成污染的物质是相当多的，迄今还没有很完全和确切的统计，但是，已经造成危害并为人们注意的至少有一百多种。除了上面我们谈到的那几种数量最多、危害最严重的污染物以外，比较常见的还有氯化物、氰化物、石棉粉尘、铍、砷、铅、镉等各种金属粉尘，以及放射性污染。这些物质都能严重污染空气，并对人体造成特别的损害。另外，有恶臭气味的物质也是空气的一种特殊污染物，我们在这里略作介绍。

恶臭是使人厌恶的臭味，有臭味的物质很多，一部分无机物和大多数有机物都有臭味。对人类健康危害较大的有硫醇类、氨、硫化氢、甲基硫、三甲胺、甲醛、苯乙烯、酚等几十种。这些物质各有其特殊的臭味，如硫化氢有像臭鸡蛋一样的臭味；硫醇奇臭难闻，类似黄鼠狼的屁臭。恶臭物质能刺激人的神经，对人体的呼吸、循环和消化系统也有一定影响。如果经常受到恶臭物质的刺激，能使人的内分泌系统失调，影响机体的代谢活动，甚至中毒。恶臭除了污染大气以外，还能污染水体，使水变臭，危害鱼类等水生生物的生长，甚至使鱼产生异臭，不能食用。因此，恶臭也已成为各国一大公害，引起了人们的重视。

保护我们的水

水与环境

人类的发展与进步都与水有密切关系。我们中华民族就是在奔腾的黄河岸边发展起来的，经常将黄河作为自己的象征，赞美它，保卫它。水是地球上一切生物和人类赖以生存的必不可少的条件，是构成生物体的基本要素之一。例如，水占水母体重的90%以上，占鱼体重的80%，占陆生生物体重的50%，人体的2/3也是由水组成的。

在生物体的新陈代谢过程中，水起着交换介质的作用，在输送养分和排泄废物等过程中，水参与了一系列生理生化反应，维持了生命的活力。正是由于水在生物体内的循环作用，才使生物体得以发生和发展。由此可见，水是生命发生、发育和繁衍的源泉。如果没有水，那么地球将成为一个死寂的星球，没有生命的存在。

我们知道，由于有了海洋，生命才赖以产生和存在；由于臭氧层的产生和地球表面环境的发展，才使水生生物登陆并获得空前的发展。现在，陆地生物已进化发展得十分高级，出现了人类这种“万物之灵”，但是，水下仍然是丰富多采，万物峥嵘的世界。当严冬降临，千里冰封，万里雪飘的时候，冰层下的鱼儿仍然往来不绝，熙熙攘攘，一片喧闹之声。这是由于水有一种独特的性质，即它在4℃时具有最大的比重。当气温降到0℃以下结冰时，比重小的冰则浮在水面，而4℃的水却总是在冰层之下，为鱼类提供了生存的“家”。

在我们生存的地球上，水资源极为丰富。地球上的水总量约有13.6亿千米^3，如果将这些水均匀地分布到地球表面上，那么地球表面上的平均水深可达3000米。地球的表面积约有5.1亿千米^2，其中海洋约有3.6亿千米^2，占地球表面积的71%。因此，海洋是无比巨大的天然水库。此外，还有不足3%的水分布在陆地上，包括江河、湖泊、高山的冰冠和地下水等。这部分水量虽少，但与人类的生活关系却最为密切。

水是一种宝贵的自然资源，是保证国民经济发展与维持人民生活需要的最重要物质基础之一。随着社会的发展、人口的增加以及人民生活水平的提高，人们的生活用水量正在不断地增加。此外，工业用水比居民耗水还要多得多。炼一吨钢需水20～40吨，生产一吨人造纤维约耗水1200～1800吨，而生产一吨合成橡胶竟需要2750吨水。农业的用水似乎更为可观。农作物在生长期内的用水量，小麦是345～506米^3/吨，棉花是333～400米^3/吨，甜菜是466～600米^3/吨，而生产一吨甘蔗所需的水量竟是它自重的1800倍。所以“水利是农业的命脉”，农业用水量占人类所有活动总用水量的60%～80%。

水体的污染

自然界的水通过蒸发、凝结、降水、渗透和径流等作用，不断进行着循环。

随着地球上人口的剧增与工农业生产的迅速发展，人类正在干预水的正常循环过程。例如，大面积的森林被砍伐殆尽，许多草原被开垦，使植被遭到破坏，造成降水减少，水土流失增加，甚至造成沙漠化。又如修堤筑坝，兴修水利，围湖垦荒等，都对水的惯常循环有一定影响。现在，人类对海水资源的开发与利用已影响到水的循环，造成某些地区缺水，地面下沉，或者使水质恶化。

水是由氢和氧组成的最简单也是最为人们熟识的化合物之一。水的物理性质和化学性质都随温度而变化。如水的密度和表面张力都是温度的函数。水的极性和氢键缔合现象更是水的重要的物理化学性质。由于水有很大的热容量，因此自然界的水，主要是海洋，可以调节气候和温度。水的热容量大的性质亦被用于工农业生产中，经常用水作热的传输和储存物质。

水环境一般指江河湖海、地下水等水体本身，以及水体中的悬浮物、底泥，甚至还包括水生生物等。

水体具有净化污染物的能力，叫自净作用，即污染物在水中自然地降低浓度的现象。河流在流动过程中，可将污染物稀释，使之扩散，这是物理净化过程；污染物在水中发生氧化、还原或分解等化学过程，这称为化学净化；水中微生物对有机污染物的氧化、还原、分解的过程则是生物净化作用。当污染物排放到水体中的量太大，超过了水体的自净能力，从而使水质恶化的现象就是人们常说的水污染。

水污染图

随着现代工业和农牧业的发展，特别是化肥工业的突飞猛进，有越来越多的氮磷等肥料被生产和使用，于是排到水体的氮磷物质增加。氮和磷过多地进入水体后，增加水中养分，发生所谓的“富营养化”。水体的富营养化会导致藻类和水生植物茂长，从而过分消耗水中的溶解氧，造成水中缺氧，使水中鱼类等缺氧死亡。富营养化是水体衰老的一种现象，特别是湖泊、水库、海湾里都可能发生富营养现象。

污染物质可谓成千上万，污染最多范围也最广的主要是酚、氰卤代烃和重金属等。这些物质也是目前研究和了解较多的物质。

饮用水的水质如何与人体的健康关系最为密切，所谓“病从口入”，水质也是一个重要因素。

在城市饮用水中，要用氯进行消毒灭菌。氯与水中所含的微量有机物作用会生成卤化物。据美国对近 80 个城市饮用水氯化处理进行的调查表明，处理后的饮用水都普遍地存在着 4 种三卤甲烷：氯仿、一溴二氯甲烷、一氯二溴甲烷、溴仿。

生物试验现已证明，某些卤代烷在较大剂量时显示致癌作用，因此饮用水中的卤代烃问题特别引人注意。在世界各国的饮水中，都在不同程度上检测到有卤代烃存在，而且主要是三卤代甲烷。

如前所述，由于饮用水中含有有机物，故在氯化时生成含氯的有机化合物。饮用水中的溴化物也许是由于用于消毒的液氯中含有微量的溴，因而在氯化过程中同时生成微量的溴化合物。此外，饮水中的卤化物还来源于大气和地面环境中的一些含卤化合物，如有机氯农药通过降雨和地面径流而进入水体。其次某些含有卤代烃的工业废水直接污染水源，也会使水中含有这类物质。

酚是普遍存在于水体的一类有机化合物，是水体的重要污染物之一。在化工生产过程如苯酚的合成、石油裂解、聚酰胺纤维的合成、合成染料等等生产过程中，往往产生许多种酚类化合物并随废水排放到水域中。

水体中的酚类化合物如同其它有机物一样，也会发生一系列的生物氧化与化学氧化等作用，最后可降解为简单的化合物。

在天然水体中，酚类化合物的分解主要是生物化学氧化作用。生物化学氧化过程极为复杂，不同化学结构的酚在生物氧化过程中还具有不同的氧化速度。

水体中酚类化合物的生物氧化分解速度受很多因素的影响。如酚的羟基（OH）的数目和羟基的位置、酚的起始浓度、水体的温度、pH 值以及微生物条件等都对之有影响。譬如已发现二元酚、三元酚和萘酚在水体中比相应的一元酚具有更大的化学稳定性，不易于分解，而且萘酚羟基衍生物的分解速度又要比二元酚和三元酚更加缓慢。

酚在水体中的分解速度与其起始浓度有关。对于挥发酚来说，在有利于微生物活动的条件下，在一定的浓度范围内，随着起始浓度的增加而有利于酚的分解。但是，当水体中酚的浓度超过一定范围之后，酚的浓度增加反而导致分解速度下降。这是由于高浓度的酚能抑制和杀害水体中的微生物，同时水体中高浓度的酚本身也会消耗掉大量的溶解氧，从而显著地减慢了酚的转化过程。对于非挥发性的酚来说，随着起始浓度的增加，其分解速度明显下降。例如萘酚在 25℃ 温度条件下分解，如果起始浓度为 1 毫克/升，β－萘酚经 13 昼夜，a－萘酚经 17 昼夜，就能完全被分解掉。可是，当两种酚的浓度增加到 5 毫克/升时，在同样的温度和时间内，两种酚都只能被分解掉 60%。

关于温度对生物氧化分解速度的影响，则无论是挥发性的酚还是不挥发性的酚，在 0～30℃ 的温度范围内，其分解速度都是随水温的提高而加快。尤其是苯二酚对水温的变化最为敏感。试验发现，酚类化合物最适宜的生化氧化分解温度是 15～25℃。水温低于 10℃，会降低微生物的活性。

含有高浓度的其他污染物的水体中，由于影响水体中微生物的生活条件，因此也影响酚类的分解。所以从工矿企业排出的高浓度含酚废水，应当经过废水处理，使其中的非酚污染物和酚降到一定的浓度范围，再排放到天然水体中，才有利于酚的天然分解，才能充分利用自然净化能力，使有毒的酚类化合物转变为无机物。

臭氧是一种强氧化剂，有破坏苯环的作用。在水处理工程中，常常用臭氧处理含有芳香化合物的一些有机废水，如印染工业废水、炼油废水和焦化废水等。

氰化物也是水体的重要污染物之一。水体中的氰化物主要来自一些工矿企业所排放的含氰废水。

氰化物包括有无机氰、有机氰化物和以络合物存在的氰。如剧毒的氰化氢，又叫氰氢酸，是无机物。它能以任何比例与水混溶。有机氰化物随着分子量增加，在水体中的溶解度迅速降低。有机氰化物亦是有毒的，但不像无机氰那样剧烈。此外，氰离子（CN^-）与几乎所有的重金属都能形成络合物。

天然水体中的氰化物在自然环境条件下，会发生一系列的物理化学和生物化学变化。很多氰化物最后转化为可溶性的氰化物，如氰氢酸（HCN）。

氰化物是一种剧毒化学物质。水体中的氰对鱼类有很大的危害，当水体中的氰离子浓度达到 0.3～0.5 毫克/升时，就可使鱼类中毒死亡。

总之，无论是含酚废水还是含氰废水，都必须经过适当处理，达到排放水质标准，方可排放。

洗涤剂是一类极性很大的分子，分子的一端非常容易溶解于水，具有亲水性，叫做亲水基团。另一端则很容易溶解于油，具有疏水性，叫做疏水基团。

洗涤剂的水溶性亲水基团有羟基、硫酸根及磺酸基，它们都可以形成相应的钠盐。合成洗涤剂主要有三种类型：阴离子型、阳离子型和非离子型。

合成洗涤剂中最广泛使用的是烷基苯磺酸钠（ABS），主要是由丙烯四聚合而制备。

由于烷基苯磺酸盐 ABS 是一种带有甲基支链的异烷烃，在水体中很难被微生物降解。因此，后来把洗涤剂的分子结构改变为具有长的直链烃。肥皂也是人们生活中用得比较多的一种洗涤剂。

实验证明，直链的烷基苯磺酸钠易于发生 β－氧化而逐步降解，最后苯环被破坏。当河水中 LAS 的浓度为 5 毫克/升时，在 8 天之内就几乎完全被分解掉。

随同污水排入水体的洗涤剂，对水生生物尤其是鱼类，具有严重的危害。鱼主要是靠它的味觉器官觅食维持生存，而鱼的味觉器官味蕾组织中含有类脂质物质。由于洗涤剂对油质有很强的溶解能力，因此，水体中的洗涤剂就可能会对鱼的味觉器官味蕾组织细胞分离和脂质的溶出产生影响，从而使鱼的味觉器官迟钝，甚至丧失觅食能力。鱼的味觉器官不仅具有发现食物的机能，而且还具有识别水体中如酸、碱、重金属以及其他污染物的作用。如果鱼的味蕾遭受破坏，鱼就将会失去避开有毒污染物的能力。

石油是重要的能源之一。随着石油能源开发和利用以及石油化学工业的突飞猛进，也给环境造成了严重的影响。

石油，即原油，它是一种复杂的碳氢化合物的混合物。据现在所知，原油中所含化合物的数目几乎达百万种之多。一般地讲，原油可分为三大部分，即油、树脂和沥青。油是由烃类和少量含氮、硫、氧杂原子化合物组成的，烃约占总油量的85%～100%，其中又分成烷烃、芳烃和环烷烃。沥青和树脂的结构都十分复杂。

现代的石油化学工业都是规模庞大，厂房林立、产品繁多、成分复杂。仅仅是在石油裂解制烯烃生产所排放的废水中，就含有烃类、有机酸、盐类、醛类、氰化物、氨、各种聚合物和焦油等污染物。又如丙烯氨氧化制丙烯腈，排放的污染物就有丙烯腈、聚丙烯胺、丙烯醛、不饱和酮及其聚合物、氰醇、乙腈、氢氰酸、有机酸、硝酸盐和亚硝酸盐等。因此，石油化工污染物的种类多，数量大，造成环境的大面积污染。

随着海底石油的开发和石油海运事业的发展，石油对海洋的污染也日趋严重。据估计，每年通过各种途径进入海洋的石油和石油产品的总量约达1亿吨左右，约占世界石油总产量的3%。烟波浩渺的海洋和人类美好的大自然环境，正在受到污染的威胁。

根据海洋环境生态学的研究，一旦海洋遭受石油的污染，污染海域里的生物就必须经过5～7年之后才能重新繁殖。进入海洋的石油，虽然可以在海洋环境中氧化，但是，1升石油完全被氧化，往往需要消耗掉40万升海水中的溶解氧。海水中大量的溶解氧被消耗掉，势必造成海水缺氧，导致海洋生物死亡。石油污染了海洋，还可能会导致世界气候的异常。污染海洋的石油总是漂浮在海面上，形成一层闪闪发光的油膜和油斑。一吨石油在海面上形成的油膜可以覆盖12平方千米的海面。

油膜把海水和大气隔开，破坏了海洋与大气之间的各种正常交换作用。尤其是海面上的油膜和油斑能够吸收太阳辐射能，使得海洋表层水温升高。例如，日本的伊势湾，受石油污染海域的水温较之没受污染的海域高出3℃。

总之，石油对海洋的污染，不仅破坏了优美的海洋环境，而且还会破坏海洋生物资源和海洋生态平衡，进而可能导致世界性的气候异常。因此，必须保护海洋环境，使浩瀚的海洋永远碧波荡漾，湛蓝澄清，造福人类。

还有多少未被污染的处女地

土壤与环境

阳光灿烂，大地生辉，百花争艳，春意盎然……人们用无比美好的语言来描述和赞美欣欣向荣的大地。的确，大地是万物生长之母，是许多生物的摇篮。在广阔无边的大地上，有滔滔的谷浪和茫茫的林海，有芬芳的果园和无边的森林，有高耸入云的连绵的峰峦和牛羊成群的广阔的草原。人类的一切文明和进步，都是在这大地的怀抱里生长起来的。

自从地球诞生以来，在漫长的岁月里，形成了大气、水体与地球的岩石圈。经过无数日晒风蚀，岩石风化形成了土壤。土壤为一切生物的生长和栖息提供了场所。而生物的作用更为土壤提供了有机质，于是使土壤更加肥沃，这就为更大量和种类繁多的生物的生存和繁衍创造了条件。现在，人们惯常所称的土壤多是指经过人类加工过的土壤。土壤是生物加工的产物，是生化过程的媒介，是生物活动的主要场所之一，也是许多植物生长的基础。

目前，世界上32亿公顷可耕地中已开垦利用了15亿公顷。但是由于自然力作用造成的风化和流失，由于人为活动造成的污染以及城市化、高速公路等侵吞肥沃的土地，已使许多土壤逐渐地消失了。因此，了解土壤的特点，注意土壤环境的保护，是具有重要意义的。

总的说来，土壤是由无机物质和有机物质组成的。但是，由于土壤形成的客观条件千差万别，因此各种有机物质与矿物质在各种土壤中的含量也就有很大的差异。譬如，某些沙质土中所含的矿物质成分几乎高达百分之百，而某些泥炭土壤中的有机物质的含量竟在95%以上。土壤中的矿物成分又分为原生矿物质和次生矿物质两大类。土壤中的有机物质则包括植物和动物的残体以及活动在土壤层中的生物和微生物。腐烂的植物是土壤有机质的主要来源，并不断地被土壤微生物分解。因此，土壤的化学组成随地域和条件相差甚大。

根据地球化学的研究认为，原生矿物质是土壤各种化学元素的最初来源，它们构成土壤矿物质的大部分。土壤中主要原生矿物质的组成是石英、正长石、钠长石、钙长石、白云母、黑云母、角闪石、辉石及磷灰石、橄榄石等。但是，在土壤中最活跃的部分却是次生矿物和有机物质，它们对土壤的物理性质起着最重要的作用。

土壤中主要次生矿物质的组成是高岭石、蒙脱石、伊利石、绿泥石、褐铁石、水铅石等。土壤中粒径在2微米以下的次生矿物称为黏粒，或者叫做胶体黏粒，构成土壤黏粒部分的主要是高岭石、蒙脱石和伊利石。土壤中主要的有机质来自植物成分，包括碳水化合物类、木质素类、蛋白质类及脂肪与蜡类等。碳水化合物是构成植物骨架的主要结构物质，它的主要成分是多糖类的纤维素，此外还有各种比较简单的糖类和淀粉类。在适宜的条件下，土壤中的微生物可把60%～70%的纤维素分解掉，并以二氧化碳的形式释放出来，其余部分则被微生物吸收并形成微生物自己的物质。在土壤的表层，有机物质的沉积现象表现得十分明显。水解土壤有机物，发现有大量的氨基酸存在。这说明土壤中的氮可能是以蛋白质（多肽）的形态而存在着。经分析证明，土壤中可能存在大约30种的氨基酸，其中含量较多的有亮氨酸、缬氨酸、丙氨酸、丝氨酸、谷氨酸、天门冬氨酸、甘氨酸等。据认为，氨基酸的含氮量约占土壤中总氮含量的1/3～2/3。

土壤颗粒重要的物理化学性质之一是带有电荷。在电场的作用下，悬浮液中的土壤颗粒分别向正极或负极移动。由于土壤的荷电性质，使得土壤对于阴离子或者阳离子产生吸附作用。此外，离子在土壤中的移动和扩散以及土壤的絮凝、膨胀和收缩等性质，都与土壤的带电性质有关。

土壤的电荷主要集中在粒径为1 微米的土壤胶体颗粒部分。晶质黏粒矿物如蒙脱石、高岭石及水化云母和水铅石等构成了土壤的胶体晶核。在胶体晶核的外表面，包着铁、铝、硅、锰和钛等金属氧化物和水化氧化物，构成了所谓的无机胶体膜。如果在胶体晶核的外表面包围着腐植质等有机物质，这就构成了有机胶体膜。由于胶体的成份和特性不同，它们产生电荷的机制也就各不相同。土壤中的有机物腐植质、水铅石和非晶质的硅酸盐也带有负电荷，但所带负电荷的数量随介质的 pH 值而改变；土壤中游离的氧化铁往往带有正电荷。特别是在酸性条件下，游离的氧化铁从介质中获得质子，而使本身带有正电荷。

土壤的氧化还原性质是土壤的另一个极为重要的特性。据土壤化学家的研究表明，土壤中的无机元素主要是氧化形态占优势，在适当的条件下可以被还原为金属元素。土壤中的有机物质主要呈还原状态，同时在适当条件下会发生氧化作用。

土壤的氧化还原过程受气候条件、土壤中所含的水分以及土壤 pH 值等因素的影响。例如，在潮湿的高温气候条件下，土壤中的有机物质受土壤微生物的作用，可以迅速地被氧化为二氧化碳和水。在水分存在时，铁很容易被空气中的氧所氧化。

一般来说，在适当的浓度范围内，土壤中氧化形态的产物往往是植物养料的来源。至于还原产物，其在土壤中的浓度很低，而且对许多农作物来说，都是无益的。

土壤的另一个重要性质是其酸碱度问题，即 pH 值问题。影响土壤 pH 值的因素是多方面的。如果土壤中含有某些能改变土壤的氧化状态和还原状态的物质，就会使 pH 值升高或降低。典型的例子是酸性土壤受水浸渍后，可使其 pH 值升高，并很快使土壤处于还原体系。土壤 pH 值也受二氧化碳浓度的影响，土壤中二氧化碳的浓度越高，土壤的 pH 值就越低。此外，pH 值的变化还与土壤溶液中盐分浓度有关。

土壤的污染

土壤是构成环境的重要因素之一，同时也是一个非常复杂的物质体系。

土壤的组成包括无机物质和有机物质，介于生物界和非生物界之间，是固态、液态和气态三相共存的体系。从环境科学的角度来说，土壤是构成自然环境的大气圈、水圈、岩石圈和生物圈各个部分彼此联系和相互作用的场所，是物质和能量不断进行循环和交换的地方。

土壤也是生长五谷的地方。植物从土壤吸取营养物质，在阳光作用下进行光合作用，使无机物被转化为有机物，形成植物体本身。因此，土壤是植物营养的供给地。

土壤是由无机物和有机物构成的复杂的胶体体系。我们知道，土壤的颗粒具有巨大的表面积，并带有电荷，故能吸附各种阳离子、阴离子及其它物质分子。因此，土壤对一些物质有蓄积和贮存作用。可以说，土壤是许多物质的储存库。除此之外，土壤中还存在着种类繁多的微生物。微生物使进入土壤的各种物质（包括毒性物质）发生分解和转化。因此，土壤也具有净化环境污染物的作用。

土壤沙漠化图

土壤承纳着从各种渠道来的固体的、液体的以及气体的废物，经过土壤物理的、化学的和生物的作用，不断地发生稀释或富集，分解或化合，迁移或转化等作用，使其向其它环境介质传递或交换，完成全环境的循环过程。与此同时，也有一部分污染物残留在土壤里，从而造成土壤的污染。随着工农业生产的发展，进入土壤的污染物有日益增加的趋势。土壤被污染也使生长于其上的植物受到各种污染物的影响，或阻抑生长，或导致变异，严重者甚至可以致死。当然，土壤中的污染物也能被作物吸收，使污染物转移到粮食和蔬菜中，进而通过食物链进入动物或人体内，危及动物和人体健康。因此，土壤污染是至关重要的问题。

化学污染物进入土壤的主要途径有不合理的施肥，过量使用高毒的化学农药，引污水灌田以及颗粒性空气污染物的沉降等。

随着世界人口的增加，对粮食的需求量也越来越大。为了在有限的土地上收获更多的粮食，合理地施用化肥是夺得高产的重要措施。化肥对农业的贡献是十分巨大的。

目前，全世界每年施用的化肥总量约在1亿吨以上，增收的粮食数也以亿吨计。但是，长期大量地施用化肥会导致土壤物理性质的改变，使土壤肥力下降，某些化肥成分的积累还会污染作物，使农产品质量下降。

通常，肥料中的氮在土壤硝酸菌作用下生成硝酸盐，植物（蔬菜、作物、牧草等）吸收硝酸盐后，由植物中的酶素将其还原为氨，再经光合作用生成有机酸、氨基酸和核酸等，进而高分子化而构成植物体。但是，当过量地施用氮肥或作物过分密植，都将妨碍植物正常的氮代谢过程，造成硝酸盐在植物体内的蓄积。在某些蔬菜中，硝酸盐的含量可达数千毫克/千克的水平。

植物中的硝酸盐本身对人并无多大害处，但硝酸盐还原为亚硝酸盐后，无论对人和对牲畜都是有害的。亚硝酸盐除了与二级胺生成致癌的亚硝胺外，还可导致正铁血红蛋白症。正铁血红蛋白症是由于亚硝酸将血红蛋白中的二价铁氧化为三价铁，使血红蛋白失去携带氧气的功能，造成人体缺氧，严重者可以致死。特别是婴儿对亚硝酸盐的毒性更敏感，硝酸盐甚至能使小孩中毒。

牧草中高含量的硝酸盐对牛羊这类反刍动物是有害的。反刍动物胃内栖息着一些微生物，能将牧草中的硝酸盐还原为亚硝酸盐，在日本就曾发生过这类中毒事件。

雨水是土壤水分的主要来源。自从20世纪50年代以来，世界上很多地方降下酸性很强的雨水，称作“酸雨”。酸雨是煤和石油燃烧后，产生大量的硫氧化物和氮氧化物，再与空气中的水分作用，生成硫酸和硝酸。酸雨主要是硫酸和硝酸的稀溶液。同时，硫酸还会和大气中的氨生成硫酸铵。硫酸铵在大气中还会发生离解，它的离解产物会随同雨水降落到地面。

酸性雨水中还有盐酸以及许多有机酸，如醋酸、丁酸、甲酸、乳酸等。大气中的硫酸铵等颗粒物是很微小的，易于随空气的流动而作长距离的迁移。例如每年约有1900万吨含酸的污染气体从美国飘到加拿大，又有40万吨从加拿大飘到美国。

由于大气中酸度增加，也会使地表水质受到影响，土壤酸度增加。经过15~20年的观察表明，西欧雨水的平均pH值已从6降到4左右。也就是说，西欧雨水的酸度已增加100倍。欧洲酸雨的中心位于英格兰东南部、法国西北部以及比利时、卢森堡和荷兰等地，雨水的年平均pH值在4.5~4.0。土壤的酸化，会促进土壤中钙、镁、钾、磷等的溶解，增加其淋滤损失；它还会使土壤中有毒元素活化，使土壤微生物失去活力，因而造成土壤肥力的降低，增加风雨对土壤的侵蚀作用，致使土质恶化。由于土壤的酸化，会使得一些吸附于土壤颗粒中的金属溶解出来，如pH值在4.5时，铅就大量地溶解，这些溶出的金属随即或为作物吸收，或为水的污染物。研究发现，无鱼的湖水中含有过量的铅，酸化的水中含有汞和镉。金属从土壤中被溶解出来，还可能污染地下水。土壤的酸化直接影响到农作物和林木、草类的生长。

为什么汽车要使用无铅汽油

汽油是汽车不可缺少的能源。过去为了提高汽油的辛烷值，而在汽油中加入四乙基铅[$(CH_3CH_2)_4Pb$]。四乙基铅的毒性比铅及铅的化合物大100倍。因此，汽车排放的尾气中含有能污染环境的铅，铅污染大气，也污染水源、土壤。人体通过饮水、食物及呼吸途径就会吸入有机铅。由于有机铅是脂溶性的，所以有90%～95%形成难溶性的磷酸铅沉积于骨骼，而且在人体血液酸碱平衡改变时，以可溶性磷酸氢铅（$PbHPO_4$）进入血液，引起内源性铅中毒。由于铅中毒是累积性的，对人体造血系统和神经系统有严重危害，能引起贫血、头痛、记忆力减退及消化系统症状。急性铅中毒能损害大脑皮质细胞，引起弥漫性脑损伤，甚至危及生命。因此，要禁止汽车使用含铅汽油。

复合无铅汽油

生活燃料污染

清洁的空气与人的生命关系十分密切，是维持生命的基本要素。事实证明，一个人五星期不吃饭，或三日不喝水，尚有生存的希望，而要断绝空气五分钟，就会死亡。一个人每分钟要呼吸十几次，每次大约需要500毫升空气，因而一天要呼吸10米^{3}空气，吸入的空气重量比吃的食物要重10倍。

当空气受到污染时，人吸入被污染的空气，人体的生理机能就会受到不同程度的冲击，引起一些变化、障碍甚至生病。

空气污染是悬浮颗粒物作怪。一般在10微米以下的悬浮颗粒物叫可吸入颗粒物（IP），悬浮颗粒物具有凝聚核的作用，能吸收大气中的水分、各种金属、有害气体、碳氢化合物等。因此，从某种意义上说，悬浮颗粒物是多种有害物质进入人体的载体。

呼吸是悬浮颗粒物和其他有害物质进入人体的重要途径之一，所以，通常呼吸系统首先受到危害。

被污染的空气

由于空气污染物的物理、化学性质不同，不同粒径的颗粒物在空气中的分布也不同。一般说来，在总悬浮颗粒物（TSP）中，粒径小于10微米的可吸入颗粒物占大多数。

悬浮颗粒物的粒径大小不一，因而它们侵入呼吸道的着位点也不相同，粒径大于5微米的悬浮颗粒物，绝大部分被阻留和黏附在鼻孔的鼻毛、鼻腔和咽部黏膜上的黏液中；粒径在4.3～5.6微米的悬浮颗粒物，大多分布在喉头附近；粒径在3.1～4.3微米的悬浮颗粒物，则更深一步，分布在第二支气管；粒径小于2微米的悬浮颗粒物粒子，一部分分布在第二支气管，而相当大的部分则直接侵入肺泡，并在肺泡内沉积。

悬浮颗粒物不仅能引起呼吸系统和心血管系统的疾病，而且在病理和临床改变之前，就能改变人体的免疫功能。有人通过不同污染物水平对儿童免疫功能影响的研究，发现儿童体内T淋巴细胞总数和免疫球蛋白IgG与空气中悬浮颗粒物的浓度呈密切负相关。

大气中悬浮颗粒物不断蓄积，还会减弱太阳辐射和紫外线强度，这对儿童佝偻病发病起到重要作用。

为了节约能源、减轻污染，把煤变成煤气，让居民使用清洁的二次能源，是一个较好的方法。

生活用品污染

黏合剂、涂料、填料在建筑业中广泛使用。如胶合板、刨花板、尿醛泡沫填料、各种塑料贴面。这些材料中均含有各种有机溶剂及甲醛，成为室内主要污染源之一，其中以甲醛、有机蒸气对人体危害较大。

甲醛是一种无色带辛辣味的刺激性气体，在不同温度、湿度下，它可以从各种胶合板、刨花板等胶粘木制品、绝缘保温材料中释放出来。在一些预制标准件建造的活动房内，空气中甲醛浓度可达 3.55 毫米/米^3。甲醛易溶于水，故当接触甲醛时，可引起皮肤、眼睛和口腔黏膜刺激以及过敏反映。

许多新型建筑材料都与高分子量聚合物分不开，又涉及各种溶剂。美国环保局报告：已在室内鉴定出350 种挥发性有机化合物，其中芳烃类如甲苯，脂肪烃类如正壬烷到正十一烷为最多，此外一些清洁剂、除臭剂、杀虫剂也是室内有机蒸气的重要来源。

油漆一般都含有许多有害物质，其中主要有铅、铬等。比如黄色油漆是用铅铬黄颜料配制而成的，主要成分是铬酸铅，铅含量占颜料总量的

含有甲醛的油漆

64%，铬含量占 16.1%；黑色油漆中含有硫化铅，金黄色油漆中含有碘化铅，白色油漆中含有碱式碳酸铅，红色油漆中含有四氧化三铅等。其他颜色的油漆应由这几种颜料调和而成，因此油漆也是室内污染源之一。

为什么国际上禁止生产含氟冰箱

氟里昂（二氟二氯甲烷）是目前广泛使用的一种无毒、无臭、性能稳定的制冷剂。冰箱中的常用冷冻剂就是氟里昂。

1986 年，美国科学家通过卫星发现，在南极和北极上空出现臭氧洞，正在危及人类的生命。这与氟里昂有什么关系呢？臭氧，是一种带有特殊臭味的物质，存在于地球上空 7～30 千米的大气层中。臭氧层的存在，具有保护地球上的生物免遭紫外线过量辐射的作用。通过研究发现，现在使用的含氟冰箱中的氟里昂一旦扩散在空气中，与高能紫外线作用，这些氟里昂中会迅速产生氯原子，而这些氯原子，同一氧化氮一样，起破坏臭氧的催化作用。臭氧洞就是人类大量使用超音速运输机和内燃机所产生的一氧化氮对臭氧层破坏的结果。

如果再大量生产含氟冰箱，不利于环境保护，为了人类的生存环境，国际上统一规定限制一些损害地球臭氧层的化学产品的生产。如今我国已积极开发新产品，现在，无氟冰箱正在逐步取代含氟冰箱。

发现与发明

硝石精与无翅鸟——HNO_3与N_2的认识史

在中世纪欧洲炼丹术士密传的经典里，常画有一只手。手的大拇指上面着一顶皇冠，它代表的是硝石（硝酸钾KNO_3或硝酸钠$NaNO_3$，后者又叫智利硝石）。

炼丹家们用皇冠代表硝石是很自然的，他们把硝石看作是“万石之王”和“火的源泉”。

不是吗？把硝石撒在田里，庄稼会长得更壮更好；本来只会燃烧不会爆炸的硫磺和木炭，一经与硝石混和，就会成为炸药，炸得人非死即伤！聪明的中国人正是利用它这一性质，发明了黑火药，威力远远超过了当时欧洲人的长矛短剑。

由于炼丹、种田、打仗都要用到它，天然硝石就渐渐供不应求了。人们为了得到它就建立了“硝石种植场”。当时人们可能还说不清它是石头还是植物，以为它也可以像种庄稼那样进行种植。他们把树叶、半腐朽的木头、牲畜粪便等倒在一个坑里，让它们腐烂、“生长”，过一段时间后，再来收获那上面长出的白毛状的“硝石霜”。可以想象，这费了九牛二虎之力才结成的硝石霜，常常是少得可怜又可怜的。

自然界的硝石在哪里呢？在遥远的南美洲智利干旱的沙漠里。别的地方也许也生成过，但却没能留存下来。原因很简单：硝石易溶于水，即使

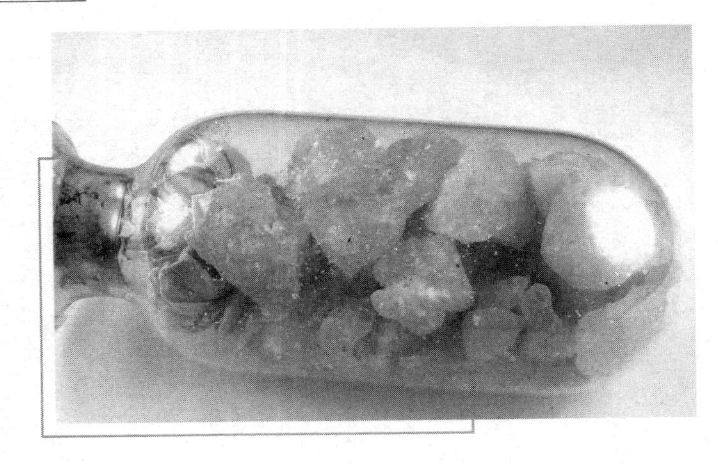

硝 石

自然界有过硝石，也早被年复一年的雨水冲洗干净，人类开采不到了。

硝石里有些什么，当时谁也不知道。人们纷纷实验着、研究着。有人发现如用浓硫酸处理硝石就会得到一种新的液体，当时的人还不大能分离和认清它是什么，就叫它“硝石精”。

化学家们一直奇怪硝石精里究竟有些什么。17 世纪德国的格罗伯想得很奇特，他说里边有一只“无翅的小鸟儿”！无翅是说它看不见，小鸟儿嘛自然是能飞喽——什么物质像无形而且能“飞”的小鸟儿呢？只有气体！可是，当时人们连空气中含有氮气和氧气还不知道，自然也就无法讲明这只“小鸟儿”该是哪种气体了！

又过了大约 100 年，经过许多化学家的努力，人们终于认识到了空气中原来还有氮气和氧气，而且分别约占空气的 4/5 和 1/5，但这只无形的小鸟儿与空气中的这两种气体有什么关系没有呢？谁也没再想过，也许压根就把小鸟儿的事给忘了。

1779 年，英国化学家普利斯特里在实验中发现，当空气中通过电火花时，空气的体积会变得比原来小，生成的气体遇到水也会明显地显出酸性。这酸性气体是什么呢？普利斯特里草率地把它说成是碳酸气（即二氧化碳），轻易地错过了认识这只“小鸟儿”的机会。后来，卡文迪许使用导电的液体、金属汞让电火花通过装有空气的管子，很快就发现管子里出现了一种红棕色的气体。它具有硝石精特有的那种气味，溶于水后显示的酸性和其他性质也与硝石精一样……

可见，空气中的氮气就是那只“无形的小鸟儿”。它先在通电情况下与氧形成一氧化氮，一氧化氮又自动与氧反应化合成二氧化氮，然后再与水作用而形成“硝石精”——硝酸，作为炼丹、炼金家“天书”里“圣手”拇指上皇冠的硝石，则不过是它形成的钾盐、钠盐罢了。

就这样，经过几个世纪许多位化学家的探索和努力，才终于把这条从“皇冠”到“小鸟儿”的认识链，串接到了一起。

漫长的历程——CO_2 的发现史

早在公元 300 年以前，我国西晋时期的张华就在他所写的《博物志》一书中作了烧白石作白灰有气体发生的记载。这记载不但记下了 1600 年前我国就已掌握了用石灰石烧制生石灰的技术，还记载了已观察到有气体产生的现象。虽然当时还不可能知道它叫二氧化碳。

转眼 1000 多年过去了。到了 17 世纪，比利时科学家海尔蒙特发现在一些洞穴中有一种可以使燃烧着的蜡烛熄灭的气体，并且与木炭燃烧，与麦子、葡萄发酵以及石灰石与醋酸接触后产生的气体一样。可这种气体是由什么组成的，它们为什么来源不同、性质却相同呢？海尔蒙特也只是知其然，不知其所以然。

又过了 100 多年，1755 年，英国化学家布拉克又进一步定量地研究这种气体，他一次次把石灰石放到容器里煅烧，烧透后再一次次仔细称量剩下的石灰重量，发现每次都减轻了 44%。这 44% 究竟是什么呢？

他改用酸来与石灰石反应，并用一定量的石灰水来捕捉反应时生成的气体，发现石灰水能很好地捕捉住这些气体，而且又刚好是 44%！这么说煅烧时跑掉的那 44%，就是这 44% 的气体。这气体不烧不出来，好像固定在石灰石中一样，他叫它作“固定空气”。

布拉克用蜡烛、麻雀、小老鼠等放在这“固定空气”里，发现这气体跟一般空气不一样，它能熄灭蜡烛，还会无情地扼杀麻雀、小老鼠的生命。

他还做了许多实验来研究，证实这种“固定空气”的存在，大大开阔了人们的眼界，使人们认识到世界上的“气”，原来不是唯一的，更不是一种元素。布拉克和其他科学家还想进一步在水面上收集一些极纯净的这种气体，但由于这种气体能溶在水里，所以始终没取得成功。十年以后，著名英国化学家卡文迪许想出了一个高招——他把这种气体通入水银槽，然后再在水银表面上收集这种气体。这回他成功了，“固定空气”被他严严实实地封闭在容器里，乖乖地让卡文迪许测量了比重、溶解性，并证明了它和动物呼出、木炭燃烧所产生的气体相同。

1772 年，法国大化学家拉瓦锡等人用大聚光镜把阳光聚焦在汞槽玻璃罩中的金刚石上，做了著名的烧钻石实验，发现钻石燃烧后产生的也是这种气体，与一般木炭燃烧产生的气体毫无差别。

随后，舍勒和普利斯特里发现了氧气，拉瓦锡马上又用普利斯特里发现的氧化汞制氧法制出纯氧，然后再用这纯氧与纯炭进行燃烧实验，发现所生成的只有一种气体，从而也就说明这种气体是由碳、氧两种元素组成的化合物，进一步证明它不是什么“单纯的基本的要素”。

后来，人们又发现了更精确的实验方法，并经道尔顿等许多化学家的努力，才证明它分子中碳、氧原子的个数比为1:2。

就这样，经过1500 年，经过不知多少位化学家的努力，人类才认识了二氧化碳这种气体。

氨的发现

氨，又叫阿莫尼亚，是一种无色、有独特刺激性气味（氨臭）、又极易溶解于水的气体。它存在于人畜排泄物及腐烂的尸体中。因此可以说，从有了人类的那天起，人就在闻着这种气体了——有时甚至还会被它薰得连眼睛都睁不开。但是，人类真正作为一种气体发现它，捕捉它，制取它和研究它，则还是近代花了约一百年的时间才办到的事。

据有关史书记载，早在 17 世纪初，因发现二氧化碳而著名的海尔蒙特就曾发现过氨。后来，德国化学家、曾发现过芒硝等许多种物质的格劳贝尔也曾在17世纪中叶，采用人尿加石灰的方法制出过氨，据说还把它通入到浓硫酸中而制得了硫酸铵。对这种说法，现在已有人提出异议，还必须通过更进一步的考证才能肯定下来。

关于发现氨的另一种说法，是归功于德国化学家孔克尔。说他最先发现动物残骸腐烂时会产生一种“看不到，但很呛人”的气体，并对此作了记录——因此也就把他作为氨的发现者。

在孔克尔这一发现稍后，又有一名叫赫尔斯的化学家通过实验发现：把石灰和氯化铵混和放在曲颈甑中加热，会有氨臭味。而如果把曲颈甑颈管插入水中，则可以见到水会被曲颈甑倒吸入甑中——这说明他已经发明了与我们今天实验室制氨法相同的方法和反应。但是，他却没想到氨极易溶于水的性质，所以在看到水发生倒吸时还认为“好像什么事都没有发生”，白白地让已经抓到指尖的氨悄悄溜掉了，错过了一次取得巨大成功的机会。

时间又过了约半个世纪，这根捕氨的接力棒又历史地落到了普利斯特里手里。这位气体大王重复了赫尔斯用石灰与氯化铵混和加热的制气方法，但在收集气体时，却采用了他常用的办法——排汞集气法。由于氨气不能溶于汞（水银）这种沉重的液态金属，终于被普利斯特里收在了瓶子里。

普利斯特里收集到了纯氨，描述了它的性质，还给它起名叫“碱性空气”。不要笑话他把“碱性”与“空气”搞在一起，因为当时人们还是刚刚研究空气，“空气”这名词其实是与我们今天说的“气体”更相近。值得注意的倒是“碱性”两字，因为它完全可以证明，200年前的普利斯特里已认识到氨水呈碱性这一事实了。

在此以后，氨的碱性也为其他国家化学家所认识。后来，化学家贝托雷又进一步确定了氨（NH_3）的组成，还取名叫它“挥发性碱”。使人对氨的认识又有了一次飞跃。

200年来，人们一直不断地研究它、认识它，现在，制氨工业已成为世界基本化学工业之一，许多人都知道了氨——阿莫尼亚的大名。

硝酸银黑斑和摄影术

如果你是个心粗手重、做实验常“滴油洒水”的人、那一定有过这样的经历——在你使用过$AgNO_3$溶液的第二天，你会发现昨天溅上$AgNO_3$溶液的皮肤处，出现了点点黑里带棕的色斑。如果这色斑出现在脸上，你会更加着急。

别急，那黑斑是不会在你脸上久驻的，短则四五天，长不过半个月，就会烟消云散的。你可能会看到它是一点点脱落的，也可能根本没察觉。这就要看你沾了$AgNO_3$的那块皮肤新陈代谢的快慢情况了。

你很可能会问：“为什么$AgNO_3$刚溅上时没事儿，隔一天却变黑了呢?”

这是$AgNO_3$的一种性质——它的感光性造成的。原来，那$AgNO_3$溶液从棕色瓶里来到你的脸上，它就与你的脸一起暴露在光天化日之下了。强烈的光照使它分解，产生极细的银粒沉积在皮肤的表层。$AgNO_3$溶液是无色的，慢慢沉积下来的微细银粒是黑色的。因它没有再深入去刺激你的神经，所以你始终也觉察不到疼痛的感觉。正是$AgNO_3$的这一性质，它才必须保存在棕色或黑色的瓶子里；也正因为$AgNO_3$的这种性质，才导致了近代摄影术的发明。

原来，$AgNO_3$放置后变黑的这种现象，早被一些细心的科学工作者发现了。只不过当时人们都认为这是热和空气对它产生的作用，谁也没想到光照的因素。

1727 年，德国人舒尔策把$AgNO_3$和白垩粉（性质稳定的$CaCO_3$）混和制成了白色乳液，盛在瓶子里放到窗台上用阳光照射。他发现，尽管瓶子里的乳液都被晒热了，可只有向阳的一面变色，背光的一面却不变，由此他认识到使$AgNO_3$变色的是光而不是热。

1800 年，英国人韦奇伍德又把树叶压在涂有$AgNO_3$溶液的皮革上放在阳光下照晒，他发现树叶四周的皮革慢慢变黑了，可树叶的颜色却一点没变！这样就在皮革上留下了黑底白叶的“阳光图片”。他很想把这图片保留下来，但没有办到——在拿掉树叶之后，那白色的叶影也曝了光，逐渐变成黑色，与周围一般无二了。

这以后，曾有许多人对 $AgNO_3$ 以及其他银盐进行了光敏性研究，其中特别应提到的是瑞典大化学家舍勒，他发现了 Cl_2、O_2 及许多种元素和物质，还发现了卤化银（AgCl、AgBr）比 $AgNO_3$ 更容易在光照下分解变黑的性质，这就为摄影术的诞生提供了化学物质基础。

1883 年，德国的风景画家达盖尔巧妙地把卤化银见光分解的性质与他所熟知的绘画暗箱结合了起来，从而把传统的、利用小孔成像原理加手工摹画的“绘画镜箱”，改制成了世界最早的用银盐作感光材料的“达盖尔照相机”，开创了近代摄影术的先河！

今天，彩色摄影和扩印技术都早已大众化了。在彩色摄影中，银盐仍起着它的骨干作用。如何用别的化学物质代替这价格昂贵的银盐，已成为要将摄影术推向前进的光化学专家们的攻关课题。

酒精灯、铂怀炉、无焰燃烧器

在做化学实验时，老师对我们讲过使用酒精灯的要领：拔下灯帽要扣放；点酒精灯用火柴；要用灯焰的外焰加热；盖灭后还要再拔一下，放掉热气，以免嘬住灯帽。酒精灯是实验室里用得最多的加热仪器。

然而，在 100 多年前曾有过一种作为光源的铂丝酒精灯，它的原理和用法你可能不知道吧？

那是在 1820 年，英国化学家戴维做了这样一个实验：先用酒精把铂丝润湿，然后点燃。他发现，这时酒精燃烧得特别剧烈，能使铂丝温度达到炽热程度，发出很亮的光来。于是，戴维做了一种铂丝酒精灯，用它来照明。这灯在欧洲风行了许多年。

铂丝之所以炽热，是因为铂可以对酒精氧化起催化作用，使它在自己表面燃烧得更激烈。人们利用铂的这种性质，还制成了一种玩具打火机：它是在酒精容器的盖子里，装上一支细铂丝。只要打开瓶盖并把铂丝放在瓶口，酒精就在铂丝表面与氧气反应。稍过一会儿，反应所放的热就把酒精蒸气点燃了，从而成为一种不点自燃的“自来火”。这种新鲜玩艺儿自然会引起人们的喜欢，所以也很红火了一阵子。

后来，电灯和汽油打火机时兴起来，上面两种东西自然就过时了。不过，铂又及时地投身到小姐太太的怀里，受到这些小姐贵妇人的喜爱。

大家知道，欧洲的冬天是很冷的，小姐贵妇们为了出席各种社交活动，常要顶风冒雪。为了使她们能在乘车途中取暖，有人设计了一种金属做的、扁平圆滑可以揣到怀里的炉子。这炉子里既不装红煤球也不烧炭，装的只有酒精和铂，酒精靠人体的体温缓缓挥发，酒精蒸气在通过附有铂粉的石棉时发生氧化而发热，使人们达到取暖的目的。人们把它称为“铂怀炉”。

随着时光的流逝，马车时代又过去了。铂怀炉到哪去了呢——它们转移到了鸡舍里。现在许多技术发达的国家已把它改制成了“无焰燃烧器”。他们把丙烷（石油液化气）以0.01～1大气压（1气压≈101.3千帕）的压力通入一个荧光吊灯样的装置，在装置的铂丝上，丙烷跟空气相接触而氧化放热（没发生火焰）。由于它能静悄悄地供暖而不产生煤气，所以成为鸡舍中的理想热源。

本生灯和它的发明者

1852年，德国海德尔堡大学向R·W·本生博士发出了一封聘请信，打算聘请本生博士为化学教授。

本生博士接信前往，他进了校门的第一件事就是检查实验室。他见这所大学的实验室已跟不上化学科学的发展，就向学校提出：需要根据他的设计重新建造化学实验室，还郑重地向学校重申——这同时也是他应聘来校的首要条件。

学校同意了。改造3年以后，新的化学实验室建成了。这位新教授也由于出色的工作而深得大家的爱戴。

他对许多现成的仪器都不太满意，要研制新的仪器。他总是为自己提出新的问题、新的任务。于是，他又打起改革加热灯具的主意了。

原来，那个时候大家都是用酒精灯来加热的，从小学老师到大学教授，只要是需要加热，大家都会点起常用的酒精灯来。然而，酒精灯最高温度不过1000℃，在空气中使用时还常常达不到这么高，这怎能满足一些新实验的要求呢？能不能找到一种既能达到更高温度，又能降低燃料成本的新加热灯具呢？这成了本生教授朝思暮想的大问题了。

本　生（1811～1899）

当时，德国的许多城市都已普及了煤气路灯，海德尔堡的大街和主要建筑物附近也都采用了煤气灯照明。“能不能把路灯接到实验室用以代替酒精灯给仪器加热呢？”他想到做到，很快铺设了管道，设计了灯具。但是，当他真的用这种灯具给实验加热时，简直有些生气了——这新灯光亮有余，供热不足，而且还不断冒着黑烟，熏得他满脸烟尘，像个黑眼窝黑鼻孔的小丑。

本生没有灰心，他决心继续自己的试验。也正在这时，他的一个学生罗斯科从英国回国度假，他从伦敦带回了一种灯具，这种灯具呈圆锥形状，能上下移动，顶部还有个金属网。本生试了一下，仍嫌它火焰小，温度低，随风打晃，还难以调节。

为什么会有这些缺点呢？他把这灯具翻过来掉过去地观察琢磨，最后终于找到了答案——这种灯同酒精灯一样都是靠从外部供给空气燃烧的。由于煤气与空气接触时间短，混和不充分，所以燃烧得也不完全，温度也就上不去。由于未完全充分燃烧，碳粒（烟）的形成也就不可避免了。

“一定要使煤气与空气在到达灯口前就混和好，然后再在灯口燃烧！”本生提出了这燃烧理论上的独特想法。为了实现这一想法，他找来了实验室技工、同样喜欢钻研的德萨加来帮忙，两人很快就研制成了一种新的煤气灯具。这种新灯具火焰稳定，发热量高，便于调节，深受人们的欢迎。在大家要求下，他俩又做了许多新煤气灯来代替原来使用的酒精灯。大家把它叫做本生灯。

本生自己可并不这么叫。他只晓得它是一种好使的灯具，他要抓紧时间应用这种灯具，与罗斯科进行光化学研究；与基尔霍夫进行光谱分析的研究……这个身材魁梧、相貌堂堂的单身汉永远那么忙。他发明了本生灯，发明了本生电池，发明了本生光度计等多种仪器设备，创立了光谱化学分析方法，并用此法发现了铯和铷两种碱金属元素，此外还在无机化学和有机化学的许多方面取得发现和成就。

如今，本生灯已成为全世界各大学化学实验室里的普通加热灯具，就连许多工厂和我们家用的煤气灶和液化石油气灶上也体现着本生灯的燃烧原理，当你一次又一次地使用这些洁净、方便的灯具、灶具的时候，可别忘了这位伟大的德国化学家 R·W·本生！

带甜味的“油”

1779 年，瑞典化学家舍勒在用橄榄油和一氧化铅做实验时，制得一种无色且没什么气味的液体。后来，他又换了别的油类和药品来做实验，发现也能得到这种液体并同时得到肥皂。

“这液体会是什么味道呢？”这位什么都要品尝一下的化学家照例尝了一点这种液体，他发现这液体有股“很温柔的甜味”。他不禁咽下了一些，待了一会儿，也没什么不适——这说明它没什么毒。不知是庆幸自己没有中毒还是又发现了一种新物质，总之，他感到很高兴。

从此，这种总和肥皂一起诞生，无色无嗅有温柔甜味的粘稠液体就有了自己的名字——“甜味的油”，也即甘油。至于它该不该算作油类，为什么是油却溶于水，谁都没去动那个脑筋。

给它派个什么用场呢？人们试着把它的溶液搽到脸上、手上，发现它能湿润皮肤，于是，它就成了至今还在使用的皮肤滋润剂。

1836 年，在人们制得纯甘油以后，又发现了它还有可燃性，随即又通过实验知道了它也是由碳、氢、氧三种元素组成。如果只从元素组成上看，确实与那些油类一样。

10 年以后，意大利化学家沙勃莱洛用甘油与硝酸制得了硝化甘油（也叫硝酸甘油或三硝酸甘油酯），这是一种很奇特的物质：作为急救药，它可以使心绞痛病人死里逃生；作为炸药，它又会对不慎碰了它的人大发雷霆，甚至把靠近它的人炸得血肉横飞！

因此，人们只好对硝酸甘油敬而远之。但对甘油却始终没有停止研究。1856 年，英国化学家帕金首先合成了人工染料，甘油便作为副手帮这些染料为人们染衣服。几乎是在同时，瑞典化学家贝采利阿斯等人利用甘油与别的物质作用，做出了最简单的塑料，为以后塑料工业的发展开创了道路。

1867 年，炸药大王诺贝尔用硅藻土（无定形二氧化硅）吸收硝化甘油，制成了安全炸药。10 年后，他又把硝化纤维和硝化甘油混和制成了炸胶——这种像橡皮泥一样的炸药可以很容易地粘在坦克或军舰铁舱门上，然后用雷管引爆。

1883 年，人们才弄清了甘油的结构，知道它应该叫丙三醇，不应属于油脂类，而应算乙醇（酒精）的本家兄弟。

第一次世界大战使硝化甘油的消耗量猛烈增加，只靠植物油脂制造甘油已满足不了需要。为了有更多的甘油来制造炸药，于是德国人发明了用甜菜发酵的方法制造甘油。

第二次世界大战以后，世界石油工业有了很大发展，这就为甘油的生产开辟了新径。现在丙烯合成法已风行全球，人们对甘油的利用也扩展到 1700 种之多！

氯酸钾——贝托雷盐

我们知道，氯酸钾这种白色固体物质能在二氧化锰催化和加热条件下分解，迅速大量地产生氧气，因而也就成为实验室制氧的首选药品。然而，氯酸钾也像许多化学药品那样，除了它这个学名之外，还有另外一个响亮的名称叫贝托雷盐。贝托雷是与拉瓦锡同时代的另一位法国著名化学家，他的名字是怎么跟氯酸钾联在一起的呢？

原来，在 1774 年卡尔·舍勒发现了脱燃素盐酸即氯气以后，欧洲各国化学家对氯气的研究便更加关注了。他们研究它的各种性质，研究它在生产、生活中的应用，一时间仿佛形成了氯气热。在这一研究热潮中，法国的贝托雷很快就脱颖而出，成为众多化学家中最突出的一个。他先是用软锰矿（主要成分二氧化锰）与盐酸反应制出了氯气，然后又把氯气溶进水里，注意到此溶液会逐渐变成无色并放出氧气。他继续研究后发现，氯气在与苛性钾溶液作用时要比与水反应容易，氯气与苛性钾溶液反应会生成两种盐：其中一种是常见的氯化钾，另一种是什么，当时还不得而知。

于是他决定把它研磨一次。也不知是他故意让这新物质与硫磺见见面呢，还是忘了把研钵洗干净，反正是他刚研了两下，研钵里就发生了爆炸，炸得研杵飞出，险些正中他的面门。贝托雷用双手捂住自己烧伤的脸颊，半天才知道发生了什么事。

待他整理完现场，不觉又转惊为喜：既然这新物质与硫研磨有这么强的爆炸力，我何不用它来制炸药呢？他想着、做着，最后终于研制成了用硫磺、炭粉和这种盐（即氯酸钾）混和制成的炸药——一种类似今天做砸炮的一种炸药。后人为了纪念贝托雷，就管这种盐叫贝托雷盐。

知道了贝托雷盐这一化学典故以后，我们也必须记住：氯酸钾这种常用制氧药万万不能与硫、磷、炭等物质混研、共热——特别是不能把炭粉当成二氧化锰（二者都是黑色粉末，极易疏忽混淆）作催化剂与氯酸钾混和制氧，那再加热时常会发生猛烈爆炸。到时，就很难再像贝托雷那样幸运，能逢凶化吉了。

贝塞麦的炼钢转炉

大家知道，生铁制品常常是很笨重的。因为生铁只能熔铸而不宜煅打加工，所以只能做机床底座、蜂窝煤炉等物品，若用它来做锈花针怕是永远也做不来的。

生铁之所以这样，是因为它里边杂质太多了：生铁中含的硫和磷使它具有脆性；碳元素虽是有益元素，但它含得也太多了，多得它硬有余韧不足，很难派上大用场。

对比之下，钢则硬、韧兼备，可以进行锻打加工。那么，怎样才能使生铁变成钢呢？

贝塞麦（1813－1898）

如果要概括一下炼钢的反应实质，那就是通过化学方法，达到降碳，调硅锰，除硫、磷的结果。

但是，无论是碳还是硫、磷，都是均匀地深深地潜伏在生铁中的，怎样才能降低或除掉它们呢？

人们想到了用空气（氧气）借生铁熔化成铁水之机，打入到铁水内部，把杂质氧化、除掉的办法。

英国发明家格里·贝塞麦写道："我的发明是：如果把空气或氧气吹到足够数量的铁水中，那么它会引起液态金属的强烈燃烧，并维持和升高温度，使金属在不用燃料的情况下保持液态，并除去碳（部分）和磷、硫，把铁变成钢……"

他按着这一原理，自己进行了第一次实验。这次小型的实验是完全成功的，他高兴极了。

为了把实验扩展到可进行工业生产的规模，他接着又设计了一台 1 米多高、内部衬有耐火砖的转炉，并附加了一台强力鼓风机。他反复地检查着自己创造的梨形怪物，认为"转炉的容积和高度好像是足够的"。他左看右看，觉得"看起来不会有什么问题"，他估计"除了热的气体和不多的火星儿之外，不会有什么东西从转炉里飞出来。"

于是，他打开了鼓风机，铁水温度果然像他想象的那样，逐渐升了上来。

"如果成功了，就将是一项世界新发明？"他满怀希望地想着，欣赏着自己的这一梨形杰作，连震耳欲聋的鼓风机噪声都似乎变成了悦耳的提琴曲。

但是，当鼓风操作进入第10分钟以后，从转炉中喷出的火星开始超出他的想象，众多的大火星接连夺口而出，使他的杰作变成了一个危险的火的喷泉。

他开始想到逃跑，但已经来不及了——那喷火的喷泉边喷边发出闷哑的“砰砰”声，火柱形状也已与炉口一般粗大。

贝塞麦蜷缩在角落里看着。他明白，这时候是什么事情都可能发生的，无论是转炉爆炸还是铁水淋头，哪样都会使他遭到灭顶之灾！

过了好久好久，“火山”渐渐熄灭下来，刚才那些想想也使他发抖的事，竟一件也没有发生。贝塞麦很快投入了新的研究，他不断改进自己的杰作，终于发明了以他名字命名的炼钢转炉，使世界炼钢史，翻开了新的一页。

直到今天，当人们在炼钢厂、在电视电影屏幕中看到钢花飞溅的情景时，仍然会想起贝塞麦这一名字。想起他危险的实验和他勇于创造的精神。

申拜恩的火药棉

瑞士化学家申拜恩幼时就在雷雨中嗅到过臭氧，并力排众议地肯定它不是硫黄气味；可直到过了28年他才在实验室中捕捉到它，记叙了它的各种性质。

本来，只要他再深入研究一下就可以弄清臭氧分子是由3个氧原子组成，与普通氧气（O_2）是同素异形体；可是不知为什么，他功败垂成，就是没再深入研究，甚至当别人指出臭氧（O_3）与普通氧气是同元素组成的姐妹单质时，他还不信，还要一再地用实验去反驳别人。

他认为，他发现的这种气体只能是一种新元素组成的单质，这元素存在于许多物质之中，尤其是存在于一些强酸里。

于是，他便设计进行了许多有强酸参加的实验：他先是把浓硫酸和浓硝酸按几种比例混和在一起，然后再用这两种强酸的混和液逐一的与碘、与硫、与磷、与蔗糖、与纸、与棉花反应，力图从这些独出心裁的实验里找到“强酸里含有这种新元素”的证据，驳倒他的论敌。

在他把糖与两种强酸混和液作用时，白糖变成了黑炭。不过这只能说明浓硫酸有强烈脱水性，却不能证明强酸里有什么新元素。

他把普通纸与混和液作用，也没能证明自己的论点，普通纸也变黑了——差不多是上一实验的重复。

他又把普通纸放入混和酸中，而且在不同时间里捞出、水洗。他没能证明自己的论点，却发明了使普通纸变成一种新纸——羊皮纸的方法。

他把棉花放到混和酸里，适时捞出晾干后，棉花好像还是原来模样。可是用火柴一点，只见它火光一闪就烧了个干干净净，速度之快几乎来不及躲手，手都来不及感到烫痛。

他又用锤子砸这棉花，它爆炸的程度远远超过了来自中国的古老的黑火药。这样一种易于制造而且无烟的爆炸物——理所当然地引起了人们的兴趣。大家纷纷进行仿制，整个欧洲出现了制造火药棉热。

对爆炸药物更为敏感的当然还是当时帝国主义列强的军政首脑们。他们更清楚地意识到它在战场上具有的重大意义，拨了巨款研究起这种火药棉来。

英国第一家硝化棉火药厂很快建成开工了，其他国家也纷纷建立起自己的硝化棉厂，并用工厂生产的硝化棉制成了炸弹和地雷。

又经过别的化学家的研究和改进，硝化棉逐渐扩展到其他方面的军事应用，从而完全取代了因发射时总黑烟滚滚的黑火药。在战场上黑烟是很讨厌的，如果不打一炮换一个地方，敌人只要向冒烟的地方打炮，就完全可以起到后发制人的作用。

直到今天，硝化棉火药也仍然是一种重要的军事炸药。可又有谁想到，它们竟是在申拜恩固执己见，试图证明自己的错误论点时，在那些设计奇异的实验中发现的呢。

苦味酸发现故事

1871 年，法国某市的一家染坊“轰——”的一声爆炸了。这爆炸惊动了全城，吓得大家都跑出来看，有的人甚至以为是发生了地震。

过了好一会儿，警察才回过神来，意识到他们的责任。他们循着烟尘赶来，哨子吹得很响，但这是谁炸的？用什么炸的？为什么要炸？他们始终没有查出。

最后，他们请来化学家帮忙。在化学家分析帮助下，他们才找到了祸首——染坊里常用的一种黄色染料。

这种染料是染坊师傅们相袭沿用下来的，论历史少说已有一百多年，谁也没听说过它还能这样大发雷霆。若不是这次一位徒工为打开过紧的桶盖，给了它一铁锹头，大家一定会继续以为它只是一种黄色染料，温顺地任人摆布，想染什么就染什么。

染坊炸得连门都没了。然而，法国军事当局却喜出望外！他们简直庆幸法国出了这次事故，感谢那位冒失的徒工，用他的一锹头给法军找到了将军们梦寐以求的烈性炸药。

他们在以后的研究中发现，这种黄色染料兼炸药其实是很稳定的。它可以在加热下安静地熔化成蜂蜜一样的液体而丝毫不发脾气。于是，他们给它起了个甜滋滋的名字——蜜儿腻的。这名字无论法文还是中文都是与甜味密不可分的。

其实呢，凡是慕名而尝过它味道的人都知道，它的味道并不甜蜜，相反，却苦得令人咋舌！还是科学家给它取的名字更好——叫劈克力克酸，即苦味酸。

苦味酸被人们熔化填注到炮弹里，出现在战场上，它强大的爆炸力顿时使原来认为坚不可摧的工事要塞变得不堪一击！人们只好赶修新的钢筋混凝土工事。

然而，这种新炸药很快也暴露了它的缺点：一是它的酸性会腐蚀弹壳，二是它不经碰撞，常因无意中的碰撞而发生爆炸事故，炮兵们对它提心吊胆。

正因如此，这学名三硝基苯酚的蜜儿腻很快又被一种比它要稳定得多的一种新炸药所代替，这新炸药学名叫三硝基甲苯，即平时人们所说的TNT。它不怕烧，也不怕砸，即使不小心把炮弹掉到地上——只要没上引信，也出不了什么事。而装好引信雷管，发射到敌人一方触发爆炸时，那情景就截然不同了：TNT 会更猛烈地爆炸。于是，TNT 力超群雄，成了炸药中的后起之秀。

直到今天，TNT 还保持着炸药中产量最大、应用最广的冠军地位，并和硝铵炸药一起，承担着工程、军事的爆破任务。在分子组成上，TNT 也和苦味酸有许多相似之处：

可以说，它们的身子都是相同的；不同的只是它们的头。然而，这一点却是很重要的，因为正是这头（主官能团）决定着它们的属类。

魔鬼的气味

在日常生活中，我们经常能遇到煤气中毒的事件。煤气的主要成分是一氧化碳和天然气（甲烷）；石油液化气主要是由丙烷、乙烷组成的。这些气体一般都没什么气味，那为什么它们跑气时会有股“臭煤气味”呢？

原来这臭味是工厂有意加在里面的，而且是从诸多臭味物质中择臭录用的。它名叫乙硫醇，是臭中之最，曾使瑞典首都斯德哥尔摩许多百姓闹了好一阵恐慌。

那是在一百多年前，瑞典皇家科学院的一位科学家在研究人造丝时发现了一种液体。它极臭，以致使这位学者走到哪里，就臭到哪里，成为不受欢迎的人。这位化学家的家人为了摆脱这种窘境，就把他盛有这种液体的小瓶扔到了一个小湖里。万万没想到这一来斯德哥尔摩全城都笼罩在一片臭气之中。人们从未闻到过这种类似烂蒜加臭鸡蛋味的气味，便纷纷猜测起来。有的甚至说是因为人享乐的太过分了，以致使世界末日提前降临；而另一些人则说这是天方夜谭中的魔瓶打翻了，禁锢在瓶中的魔鬼跑了出来，正在斯德哥尔摩游荡作孽。大家被这味薰得昏昏然，也吓得要死，直到几天后风终于把臭味吹散，人们才算松了一口气。

从这以后，人们研究了这种物质，确定了它与乙醇（即酒精）有着类似的结构，不同的只是用巯基（-SH）代替了羟基（-OH），就是ⅥA 族原子这么一换，醇香醉人的酒味就变为无与伦比的奇臭，你说逗不逗？

香有香的用途——我们的化妆品、食品饮料就含有多种天然和人工合成的香料；可臭也有臭的安排，其中之一就是把它掺到煤气里，使人们闻到它时，会立即检查煤气是否漏气，从而及时采取措施，防止灾难的发生。

顺便说一下，含有巯基的许多低碳原子的化合物如丙硫醇、丁硫醇及硫酚等都是臭的，它们虽比不上上面说的乙硫醇，却同样臭得名列诸臭前茅，是污染环境的恶臭物质；在对人有益的含巯基的物质中，最出名的要算二巯基丙醇，它是砷中毒的特效解毒剂，在结构上与甘油有些相似，在抢救砷和重金属盐中毒病人中屡立战功。在第二次世界大战中曾作为糜烂性气体。

从求雨到造雨到制服冰雹

从人类懂得种庄稼以来就怕天旱，然而，不管人怕还是不怕，旱灾还是时常发生。对天无知又无奈的人们搞起了各种各样的求雨活动：有的默默祈祷，有的大喊大叫，有的手舞足蹈，有的抬着各种司雨之神走山过河地游行……可任凭你怎样地求雨，旱情还是持续下去。

一些勇士被激怒了，他们向云中射箭，往天上打炮，想狠狠地教训教训那些只知在天上养尊处优却一点不体恤劳苦百姓的司雨之神。可射上的箭原样地落下，打出的炮砸了别人的屋顶。不知是有意报复呢还是存心气人，天对这些勇士不理不睬，依旧滴雨不下。

就这样年复一年，几百几千年过去了。人类对云雨、对天总算有了些认识。1850 年美国声望很高的气象学家詹姆斯·P·埃斯皮提出了大面积放火烧荒，把暖湿空气上升到较冷的高空以促成降雨的方法，并把此方案提交给美国国会审议。

但国会议员们立即群起而攻之，说这是个只知气象不懂生态的坏主意，并且发誓不让这议案得逞。议员们是正确的，怎么能以这种用烧毁大片森林为代价，来换取一次不一定成功的降雨呢?

又过了将近一百年，1946 年美国人谢弗试图找到在云层中促使冰晶形成，从而导致降雨的办法。他聪明地想到了电冰箱中的条件很像高空的气象条件，便在家里用冰箱做起模拟实验来。

他先向冰箱里吹气，扔砂，然后又向里撒滑石粉。几乎什么都试过了，冰箱也不知擦了多少回，就是不见有什么冰晶形成。

谢弗不信自己的设想有什么错误，认定可能是采用的方法还不大对头。他继续一次次地试着，终于在1946年7月12日，在他把一勺干冰（固体二氧化碳）洒进冰箱时，发现了他梦寐以求的现象——-78.6℃的干冰很快使冰箱内的水气成了冰晶，冰箱里下了一阵雪。

他喜出望外！为了证明这是事实而不是梦境，他又重复做了许多次。最后他确信是真的发生了人工降雪，并且弄清了降雪的温度、湿度等条件和原因。

1946年11月13日，他和另一名科学家兰米尔一起把冰箱里的实验挪到了天空中进行——谢弗用飞机把3000克干冰空投到格雷洛克山上的过冷云中，守候在山下的兰米尔则通过望远镜看到了人类历史上的第一次人工降雪。他兴奋得热泪盈眶，失声地边看边嚷："看，雪，我们造的雪。"

大约与谢弗和兰米尔造雪成功的同时，冯尼格特也发明了用焚烧碘化银以促成降雨的方法。人类终于结束了只会求雨的时代，开始了人工造雨的新纪元。

谢弗、兰米尔和冯尼格特人工降雪降雨试验的成功，立即受到了社会各方面的注意。美国国防部敏感地意识到它的军事意义，首先请兰米尔搞了个卷云计划的实验，即用催云变雨的方法来消除弥漫在机场上空的云雾。

一架飞机在浓密的云层中洒下了7千克干冰，几分钟后，一条33千米长的蓝天便现了出来。飞机驾驶员不无激动地在无线电话中喊着："云雾被切开了。好像有人用铲子从雪堆里铲出了一条通道。"

1948年10月14日，人们又同时使用了干冰和碘化银在阿尔伯克基附近做了四次催云化雨的飞行，结果，在很大平方千米的范围内下了一场中雨。

1949年7月21日兰米尔又在地面上开动碘化银发生器，开了10多个小时。他改变了天气预报，使预报全日无雨的一天，变得大雨滂沱，把许多人淋成了落汤鸡。

既然兰米尔的办法这样灵验，能不能让他进一步改造天气，防止别的气象灾害呢？大家想试一试，在各种气象灾害里，大家想到了飓风。这不奇怪，因为在危害人类的气象灾害里，飓风也许是最可怕的了。它所到之处常常树倒屋塌，使成千上万的人无家可归。

正因为这样，削弱飓风的狂飙计划受到美国商业部和国防部的双重支持，由国家气象局和海、空军合作执行。

1961～1969 年，他们进行了许多实验，直到 1969 年 8 月 18～20 日用一组飞机轮番向黛比飓风撒播五次碘化银后才看到明显的效果：使风速由 98 海里/小时降到 68 海里/小时；风速回升后，把它再次降速。这次狂飙计划是成功的。

对于别的气象灾害，人们想到了冰雹。冰雹也是可怕的，它可以使丰收在望的庄稼顷刻间化为烂草。怎样在预测到有冰雹发生时，能防患于未然呢？美国、前苏联、法国、意大利人用装有干冰和碘化银的加农炮和火箭打到雹雨中作试验。他们成功了，冰雹有时变成雨滴，有时则变成小冰丸落下，大大减轻了危害。

法拉第的发现

铁在稀硝酸中能很快反应溶解，而在浓硝酸中却不但不发生什么反应，甚至能作为容器和管道，盛放和输送浓硝酸。这种现象人们把它叫做钝化(或铁的钝态)。那么，铁为什么会呈钝态，又是谁最先仔细地研究了这钝化现象的呢？

最先研究这种现象的是迈克尔·法拉第。1820 年前后，法拉第刚刚进入而立之年，在一位慷慨出资的企业家的赞助下，法拉第开始了对钢铁腐蚀和防护问题的研究工作。当他把一个较纯的铁块放在浓硝酸（70%）里面时，注意到铁与浓硝酸并不反应；而把这铁块放入稀硝酸中，则很容易发生反应，而且反应激烈。

法拉第想，稀硝酸总是可以用浓硝酸稀释得到的，浓硝酸稀释到怎样的浓度就反应了呢？他做了如下实验：先把一小块纯铁浸入盛有 70% 的浓硝酸的小烧杯中（室温条件），铁与浓硝酸不发生反应；再用滴管缓慢地向这烧杯中加入蒸馏水，（浓硝酸溶解时不放大量热，可以这样做。用浓硫酸就不行）直加到溶液体积是原来酸液的2倍，浓度约35%，铁与这稀释后的硝酸还是没什么变化。他想：35%的浓度该不算浓了，上次用35%的稀硝酸与铁反应，反应还很剧烈，怎么现在还没有动静呢？

法拉第（1791～1867）

他查了一下实验记录，记录上分明记着上次用铁与35%硝酸实验时是很快反应的。为什么从70%慢慢降为35%就不反应了呢？这是怎么回事？他看着这小小的烧杯，纳闷了。

他拿起玻璃棒，想翻动一下铁块，看看它是否出了什么毛病。当他刚用玻璃棒的尖端触到铁块时，烧怀里发生了异常现象——那铁块像从睡梦中突然觉醒了似的，急速地反应起来，与他记录的用铁与稀硝酸反应的现象没有多大差别。就这样，这种奇异的钝态和酸液变稀后经触动又会解除钝态的现象被法拉第发现了。人们称这个实验为法拉第钝化实验。

钝化现象自发现至今当然已很多年了，但对钝化现象的解释却至今还不完全，今天人们对此有几种说法：一是氧化膜理论，即强氧化性酸将铁（或铝）氧化生成一层虽薄却很致密的氧化膜，阻止了铁块内部继续与酸反应，这膜一经尖物刺破，便与稀硝酸反应了；另一种则是吸附理论，认为铁等金属可吸附氧气，形成单分子氧气层，从而才形成钝态。钝化现象究竟是怎么一回事呢？还有待进一步探索。

众所周知，金属的腐蚀是极其可怕的，它直接地从我们身边夺去很多金属，使大件大件的机器设备报废；它造成的跑、冒、滴、漏更不知会造成多少爆炸、火灾、沉船、污染事故。能否使更多金属（现在还包括非金属、合成材料等）自己或人为地钝化起来，避免上述这些损失呢？这正成为世界反腐蚀化学家们的主攻方向。

明矾的故事

大约200年前，意大利的佛罗伦萨曾是欧洲著名的染织中心，满载风尘的四轮马车总是接连不断地从四面八方把羊毛运到这里来。

说来也是奇迹，那些未经加工，甚至洗都没洗过的粗羊毛一到佛罗伦萨染织工匠的手里，就很快变成了各色各样的毛织品，成为市场上的抢手货。

在由选毛工、纺织工等许多工种工人组成的染织大军中，最受尊敬的当推染色工——他们染色技术的好坏，几乎决定着这里产品的一切。

工厂用来染色的物质主要有两种：一种是松蓝、茜素等染料，另一种是明矾，它就是你最熟悉的那种复盐——十二水合硫酸铝钾。

明矾图

每当从埃及或土耳其进口的明矾运到佛罗伦萨染厂时，染色工长总要抢在最前面对它进行验收：捏一小块儿明矾在手里捻碎，边点头边对徒弟们说："嗯，还行。优质的明矾应该是明净坚硬的，特别是还应该有点烫手才行！"

是的，优质纯净的明矾是印染中必不可少的媒染剂，它在很大程度上决定着染色工艺的成与败。正因为如此，当意大利自己的明矾矿被发现以后，罗马教廷就立即宣布它属于教皇所有。就这样，自己国家生产的明矾，变成了教廷的摇钱树，而世代相传已用了不知多少年的埃及、土耳其明矾却一下子变成了异教徒的明矾，禁止再进口。谁如果贪便宜继续买来使用，谁就要受到教会严厉的惩处。

其实呢，天下的明矾都是一样的成分，分子式是$KAl(SO_4)_2 \cdot 12H_2O$，它们在印染中起的都是"媒染作用"，世界各地的印染工都得用它，它能使织物染得更好。

就是到了现代，也仍然要在许多方面用到明矾：鞣制皮革用了明矾，鞣出的皮革才柔软、坚韧、有弹性；造纸所用的胶水中要用明矾，不然造出的纸写字时会洇；自来水厂里要用明矾，用它做沉降剂沉降漂浮在水里的杂质 。

无氧酸的认识小史

法国的拉瓦锡是18 世纪一位杰出的化学家。他第一个把天平引入化学研究领域，推翻了错误的“燃素说”，把化学推进到一个崭新的阶段。

我们知道，盐酸是属于无氧酸的，可这位伟大化学家曾一直认为：是酸，必然含氧，无氧是不能成酸的！与他同时的一些化学家也都同意这种观点，而且长期坚信不疑。

那么是谁，又是通过什么事情开始怀疑并否定拉瓦锡的这一错误观点，认识并证实了无氧酸的存在的呢?

说来有趣，事情是从纺织品漂白的新技术上开始，由另一位伟大的化学家、英国的戴维在先确认了氯气是一种单质（氯是一种元素）以后，又进而证明了盐酸是不含氧的酸。

原来，在很久很久以前，人们穿用的麻布，都是靠草地曝晒法漂白的。这种漂白法并不需要什么化学药品，而只需把麻布浸湿，再平铺在草地上让阳光曝晒就行了。太阳光下的草进行光合作用放出的氧，能不断氧化破坏麻布中的有机色素，麻布就会变浅变白。这样的漂白虽然节省药品，但费时费力。用它漂手纺土麻小布还可以，对机械化了的大织布厂织出的大批布匹就无能为力了。既然纺织技术因纺织机的普及而“革命”了，那这布匹的漂白技术也得相应地来一次改革才行。

于是，新方法应时而生了。1771 ~ 1774 年，舍勒在用盐酸与软锰矿（主要成分二氧化锰）反应时制出了氯气，它有较大的溶解性，溶于水形成的氯水能很容易地把织物漂白，不论速度还是质量，都远远胜过古老的草地曝晒法。后来，人们又把氯气通入熟石灰制成了漂白粉，进一步使漂白变得简单而方便。

氯气和漂白粉为什么能把织物漂白呢？当时谁也说不清楚，就连氯气发现人舍勒自己也认为氯气是脱燃素盐酸呢！

这也并不奇怪，因为那还是"燃素说"统治着化学的时代，虽然拉瓦锡已开始冲击这错误的"燃素说"，但舍勒和许多人却还是这一错误学说的信奉者。他们从燃素说出发，必然得出氯气是脱燃素盐酸的结论。认为它是一种复杂的物质，里边含有氧，而起漂白作用则更加证明氧的存在。照这逻辑推下去，由氢和氯形成的酸——盐酸也就含有氧了，刚好入了拉瓦锡是酸就必然含氧的窠臼。

为了证实氯气中含有氧的论断，也为了从氯气中制得氧气，大家都争相实验着：有的用红热的炭，有的用金属放在氯气中燃烧，大家用了许多强有力的能结合氧的物质或手段，可就是没有一个人成功地从氯气中制出氧来，也没有一个人成功地证明氯气中有氧存在。

接连不断的实验，接连不断的失败，使许多人都失望了，他们扔下这一研究，钻研起别的课题来了。但也有些人却开始了更加深刻的思考：这么多有效的方法都不能把氧从脱燃素盐酸（氯气）中"拉"出来，那会不会是它里边根本就不含氧呢？如果这一想法是正确的，那氯气不就是一种单质了吗？由这样一种单质与氢形成的酸，不就是一种不含氧的酸了吗？这样的无氧酸是与拉瓦锡的观点相矛盾的，是不是拉瓦锡是酸必含氧的观点不对呢？

年轻的化学家戴维这样思索着，待他确信自己的怀疑是有道理的，自己关于无氧酸存在的观点是正确的时候，就在1810年11月在英国皇家学会上宣读了自己的论文。由于这一观点既有雄厚的实验基础，又有详尽的推理阐述，被人们接受了下来，大家承认了无氧也可以形成酸的事实。

就这样，伟大的拉瓦锡曾高于别人一筹，用天平和实验冲垮了"燃素说"，推动了化学的发展，但他是酸就必然含氧的错误观点又禁锢了人们对酸的认识；在连续的失败以后，善于反思的戴维又高于其他化学家一筹，及时地冲破了拉瓦锡的错误观念，证实了氯气是单质和有无氧酸存在的事实，从而再次推进了人们对氯和酸的认识。

趣味化学

美丽的图画可测定空气的湿度

有一种既简便又有趣的办法，可测定空气中的湿度，还可预示天气是否快要下雨。那就是用一张宣纸，在宣纸上半部用毛笔蘸取1毫升的氯化钴溶液（试剂商店有卖），均匀地涂刷后在灯或暖气等热器上烘干，再涂抹再烘干，直到纸变为像蓝色的天空为止，在纸的下半部您可以任意构思，用水彩画出美丽的水彩画。这蔚蓝色的天空就是无水氯化钴显示出来的颜色。将这幅画挂在房间或室外，每当空气的湿度增大到一定程度时，画上天空的颜色就会发生变化。蓝色可逐渐变为蓝紫色、紫色、玫瑰红色。因为氯化钴能够和水结合成多种不同颜色的水合物。从画中颜色的变化，可知道空气中湿度的增加，当完全变成玫瑰红色时，估计天可能快下雨了，当然在房间里撒水很多也能使画中的颜色发生变化。

无火点灯

夜幕降临了，突然停电，无灯无火，怎么办呢？家里正好有一瓶酒精，一瓶浓硫酸，一包高锰酸钾。用一个空干净墨水瓶，盖上钻一小孔，孔中穿一小股棉线或棉纱，倒入酒精，拧紧瓶盖，用一根细棒（玻璃的最好）伸进浓硫酸的瓶中沾少许溶液，再迅速蘸少量高锰酸钾，点灯，灯着了，

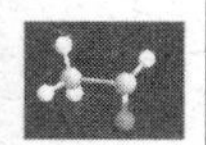

你说妙不妙？

这里边的奥妙在于，高锰酸钾具有很强的氧化性，遇浓硫酸反应后，生成一种氧化性更强的七氧化二锰。七氧化二锰遇到酒精迅速反应，产生大量的热量，就会使酒精燃烧起来。

巧除铁锈

六一节到了，小朋友高高兴兴地来到公园，在滑梯上玩得十分开心。可是，滑梯上的铁锈蹭在漂亮的裤子上，棕色的花斑，难看极了，拍打不掉，急忙回家用水冲洗，用肥皂，用洗衣粉怎么也洗不掉，怎么办？

去试剂商店买点草酸，配成5%的溶液，用硬刷蘸溶液用力刷洗，锈迹没了，再用大量水漂洗，漂亮的裤子又如新的一样。

怎么回事？原来铁锈不溶于水，不溶于碱，所以用肥皂、洗衣粉、水都洗不掉，而铁锈可和草酸发生化学反应，反应后能生成溶于水的物质。所以草酸能除去衣服的锈迹。

名画生辉

家里挂着一张名贵的油画，可是油画上雪白的大地，漂亮的雪景竟然变成灰色了，面目全非。这时可取一瓶“双氧水”（化学名称叫过氧化氢），用棉花蘸着轻轻地在油画上擦拭，很快油画上又会出现茫茫的白雪。

原来油画的白雪，是用铅盐做成的油彩画上去的。日子长了，铅盐和被污染的空气里的硫化氢气体反应，白色变灰了，当用双氧水涂在变色的白色画上时，双氧水又和灰黑色的硫化铅反应变

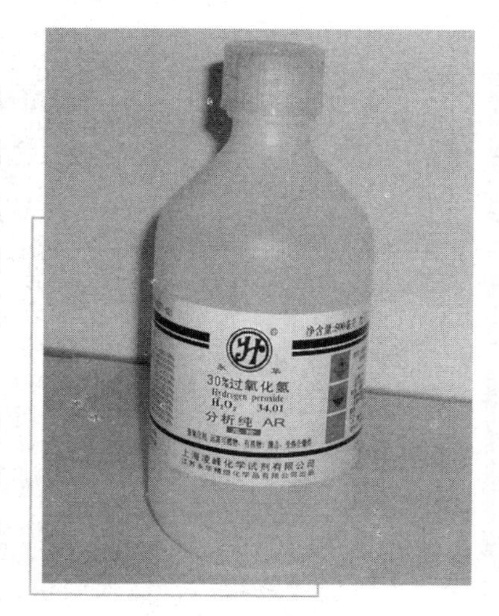

双氧水

成白色的硫酸铅了。

以钢切钢

当你走到车床、刨床或铣床旁边时，可以看到用钢作的刀具在对钢料进行切削加工。而且真是“削钢如泥”一般，不一会，就把钢料加工成所需要的零件了。

表面上看来，两个都是钢。为什么用钢做的刀具能够切削钢料呢?

原来它们虽然都是钢，但是有差别的。做刀具用的钢，只要比加工的钢料硬度高，就能进行切削。一般做工具用的钢，含碳量比较高（大约是0.6%～1.4%），而且经过了热处理，使它变得更硬，不易磨损。但是在切削速度很高的情况下，往往会因摩擦产生高温，而高碳钢在高温下就不够硬了，因此用于高速切削的刀具，必须用高速钢（俗称锋钢）来做。高速钢是一种合金工具钢，它主要含有钨、铬、钒等合金元素，就是在高温下（600℃以下），仍然十分坚硬。但是在更高的温度下（大于600℃），高速钢的硬度也显著下降，不能使用了。在这种情况下就要采用硬度合金。通常用的硬质合金是由钴、钨、铝和碳等元素组成的。它们看起来像钢，但已经不是钢了，因为其中含铁量很少，而且铁被看作无用的杂质。

合金元素是很宝贵的，不但像在工具钢中钨、铬、钒能提高硬度，还有很多合金元素能使钢具有各种不同的特殊性能。例如：普通钢很容易生锈，尤其是在潮湿空气中锈蚀得更快，但钢中含有一点钢（0.3%）和磷（0.08%～0.05%），抗大气腐蚀性就显著增强，使用寿命能延长两倍。

制造电机和变压器需要电磁性很好的钢片，只要向低碳钢中加2%～4%的硅就可以制得硅钢片了。

向低碳钢中加一点钢（0.2%～0.4%），能显著改善钢的热处理性能和机械性能，提高钢的强度和韧性，最适宜于制造锅炉。

向钢中加适量的铬、镍、钛、铝、铌等元素就制成各种不锈钢、耐酸钢、耐热钢，用于各种不同的用途。

切割钢格板

除了加入合金元素外，改变钢铁性能的另一重要手段是热处理。这就是把钢铁加热到一定的温度，然后在各种不同的条件下，以不同的降温速度进行冷却。例如在水中或油中就冷却得快，在空气中或炉子中就冷却得慢。冷却快可使钢铁变硬，强度高；冷却慢可使钢铁变软，强度低，但塑性和韧性好。因此，根据不同的要求，对钢铁可以采取不同的热处理方法，如淬火、回火、正火、退火等。例如工具钢须经淬火才能获得很高的硬度，而被切削加工的钢铁常常先经退火或正火，才比较容易切削。对于许多特种用途的钢材，还有许多特殊的热处理方法。

可以玩的“爆炸”

在硬封面的精装书籍中，夹几颗小粒、干燥的碘化氮，当用力将书合起来时就可发出“叶”、“叶”的响声。这是因为碘化氮不稳定，稍受压力立即分解而发生爆炸，发出声响。因为用量很小，火柴头大小的一粒碘化氮可分割成五六个小粒来做表演，所以尽管是爆炸，但仍然是一种没有危险的小爆炸。

碘化氮可按下述方法制取：在一个带塞的瓶中盛一些浓氨水，放一些碘的晶体进去，放置一小时左右，碘片和浓氨水就会慢慢发生反应。产生的碘化氮是一种黑色不溶于水的晶体，安详地躺在浓氨水下面。因为浓氨水有强烈的挥发性，所以放置时要将瓶塞塞好。

使用碘化氮之前，用角匙把它从浓氨水中取出，放在疏松的纸上吸干，乘潮湿的时候将大粒分割成小粒，放在纸上干燥。要注意的是，这种物质一经干燥，就会一反“温和”的脾气，表现出火爆性格的本性：当有硬物接触或轻轻敲打时，就会有小小的爆炸产生，同时放出碘蒸气。如果夹在书本里，就可作精彩的表演：如果洒几粒在地上，人踩着也会“叶、叶”作响。

虽然这个实验没有什么危险，然而仍要注意安全。干燥时，小粒碘化氮之间相隔远一些；表演结束后，要把未用完的干燥的碘化氮全部炸完，不能贮藏。

用石头织布

自古以来，人们用来织布的，通常只有两种原料：一种是植物纤维，就是棉花和苎麻等，它们可以织成各种棉布和织物；另一种是动物纤维，那就是蚕丝和毛等，可以织成美丽的丝绸和呢绒。可是在科学技术发展的情况下，增加了人造纤维等新的品种，特别是近年来增加了一种新的纺织原料，它既不是植物，也不是动物，而是毫无生命力的矿物，也就是最普通的石头。

用石头制成玻璃纤维，再织成布，叫玻璃布。由于它具有耐高温、耐潮湿、耐腐蚀等许多特性，因此它越来越多地在电气、化工、航空、冶金、橡胶、机械、建筑、轻工业等部门，代替原来所用的棉布和绸缎呢绒。

坚硬的石头为什么也能像棉花那样用来织布呢？这真是一个非常有趣的问题。我们知道，用棉花织布是先将棉花的纤维纺成纱，然后经纬交叉，织成了布。

我们已经知道了石头制玻璃的过程。石头织布也可以说是石头制玻璃的发展。因为石头织布首先是将砂岩和石灰石等轧碎，放到窑炉里，再加

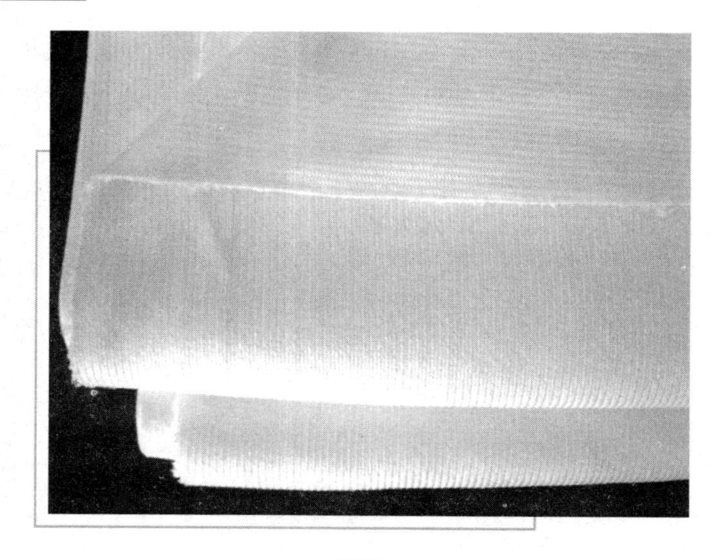

玻璃布

进纯碱等原料，用高温把它们熔化成液体，然后把它拉成玻璃纤维，再纺纱织成布。

玻璃是很坚硬而又很脆弱的东西，可是它拉成丝后，它却变得很坚韧的了。玻璃丝越细，它的挠度和拉力就越大。在现代科学技术中，不但用玻璃丝织成玻璃布，还用玻璃丝来增强玻璃制品和塑料制品的牢度，就像在混凝土里放入钢筋一样。玻璃纤维，今天已应用到最新的通信技术——光通信上面去了。有一种叫做“玻璃纤维管镜”，是用上千根玻璃纤维制成的管子，每根纤维直径只有千分之一毫米，能反射光线，使它沿着管子通过。把它装在照相机上，还可以拐弯照相。

扑朔迷离的霓虹灯

夜幕降临，立在街头，影院、商家、车站、码头五颜六色的霓红灯，闪烁着耀眼的光芒，多么好看呀！

霓虹灯为什么会发出五彩缤纷的光呢？原来霓虹灯管里装有几种没有颜色的气体，管的两端密闭，并且焊上金属制的电极。只要一通电，这些气体受到电的激发，就会产生带有颜色的光。由于这些气体很难跟其它物质发生化学反应，而且自身也以单个原子的形式存在，所以人们把它称为“惰性气体”。惰性气体包括氦气、氖气、氩气、氪气等。在霓虹灯管里通电后，氦气发出粉红色的光，氖气能产生美丽的红光，这种光能穿透浓雾，所以氖灯还可以做航空、航海的指示灯。氢气会发出紫兰色的光。把这些气体按不同比例混合起来，通电以后，会显示出色彩纷呈的美丽色光。既改善了城镇夜间照明水平，又美化了市容。

变色镜的奥妙

大约在20世纪40年代，科学家发明了变色玻璃，它可以随着周围光线的强弱，自动改变颜色。最初的变色玻璃感应速度很慢，从透明变为黑暗需要3分钟，从黑色褪到无色透明，则要长达1小时之久 。现在的变色玻璃能在数十秒钟之内变化，符合人们生活和工作的需要 。有一种变色玻璃，在强光下1分钟内能从90%的原透光率下降至32%，在3分钟内降至26%。如果突然换了一个阴暗的环境，2分钟内能从23%恢复至51%，5分钟可恢复至65% 。在早晚光线微弱的条件下，变色玻璃可以保持最高的透光率。

变色镜图

变色镜的奥妙，主要是在变色玻璃中有许多卤化银（如溴化银、氯化银、碘化银）的微晶体。当某个波长的强光照射变色玻璃时，卤化银受到玻璃中另一成分——氧化铜的催化作用，银就从卤化物中分解出来。银原子能吸收光，镜片即变暗了。停止光照后，银又变成卤化银，镜片就褪色。

变色玻璃还可以用于照相机镜头，这种镜头可自动控制进光量，在强光下不用调光圈。变色玻璃用于建筑物的窗玻璃，可以保持柔和悦目的光度；如果制成玻璃瓶，可储存对光线敏感的药物。变色镜中二氧化硅的成分较少，质地较软，容易起毛。变色玻璃虽然可以变两万次，但长期使用也会产生老化现象，使变色速度减慢。

萤火虫为什么能发光

在盛夏的夜晚，当我们在庭院中纳凉或者到田野中散步的时候，我们到处都可以看到那些打着小灯笼正在忙碌的萤火虫。它们飞来飞去，淡绿的萤火一闪一灭，为夏天的夜晚增添了许多趣味。

但是，你知道萤火虫为什么会发光吗？

萤火虫有许多种类，在我们国家就主要是十字胸萤和红胸萤。有的萤火虫只在幼虫时发光，它变成成虫后反而不发光了。以前，有很多人认为：萤火虫发光是一种向异性求爱的信号。但是，在大自然里还有许多不发光的萤火虫，而且有的在卵和幼虫时发光，可见上面的对发光的解释，是难以令人置信的。

漫天飞舞的萤火虫

现在，人们已从调查研究中得知，萤火虫的发光是因为存在于其体内的发光物质所发生的化学变化引起的。这种化学变化是一种“酶反应”，称为“蛍光素—蛍光素酶（酶）反应”。早在1916年，有人就已发现这种反应，1957年麦克埃利等人又分离出蛍光素；1961年怀特等人推导了它的结构，并通过合成确定了它是具有D—构型的方式。

蛍火虫在进行生物发光时需要有D—蛍光素、蛍光素酶、腺苷三磷酸（ATP）、两价镁离子（Mg^{2+}）和氧等物质存在。但是，天然蛍光素的对映体，即L蛍光素却不发光。这种发光反应中的化学变化，可以通过其他化学发光物质以及蛍光素的模拟化合物的发光机理来类推。现在认为它是按照下面的方式来发光的。

反应的第一步是蛍光素在Mg^{2+}的存在下，受蛍光素酶的作用，与ATP反应，生成蛍光素腺奋酸和焦磷酸。接着，蛍光素腺苷酸进一步在蛍光素酶的作用下，与分子氧反应，生成氢过氧化物阴离子，这种阴离子即按照发光反应第一步的途径，生成含有蛍光素腺昔酸和焦磷油的二氧四环的化合物。由于这种化合物是一种能量很高的不稳定的化合物，所以它很快分解，放出二氧化碳，生成一种羰基化合物。这时羰基化合物是处于一种激发状态中。通过模拟实验的结果表明，它直接发出来的光是红光，而实际上蛍火虫发出来的光之所以是黄绿色，乃是由羰基化合物再脱掉一个质子后生成的阴离子所发的光。

虽然科学家已经作了积极探索，但在研究蛍火虫为什么会发光的问题时，仍然有许多未解之谜。

向蛍光素腺苷酸中加入蛍光素酶，使之发光，然而，只要有两分子的蛍光素腺苷酸发生反应之后，加入的酶就会完全受到抑制。这时，即使还有蛍光素腺苷酸存在，发光也要停止。这种被抑制了的酶可以受焦磷酸及辅助酶的作用而再生。

所以，在蛍火虫的发光器中，最初存在着一种受生物抑制的酶。当这种酶受到由神经刺激而分泌出来的焦磷酸的作用而成为活性酶时，它就成为催化蛍光素、ATP、Mg^{2+}三者之间反应的催化剂。但在引起发光的同时，它本身又会受到生成物的抑制而失活，副产的焦磷酸也在焦磷酸酶的作用下迅速分解。蛍火虫的光也就由亮而灭，于是重新回到循环的开始。

这个对蛍火虫的发光机制的研究，只是模拟地说明了我们常见的蛍火虫一闪一灭发光的原理。对于可连续发光的萤火虫，还有待于我们去发现它的发光秘密。

水果由生变熟的秘密

许多年前，一艘荷兰的海轮乘风破浪，在大西洋上开往美国的芝加哥。

一件怪事在这艘海轮上发生了：途中，船上一批运往美国的石竹，它的花儿忽然都合拢了。

人们经过调查，发现原来是从一个钢筒里漏出了一种微有香味的气体——乙烯。乙烯具有麻醉的能力，使石竹“睡着”了。人们又用狗来做试验，狗也很快地昏迷过去。后来，人们在外科手术上曾用乙烯作麻醉剂，麻醉效果虽好，但因乙烯很易燃烧、爆炸，所以现在外科手术上已不用乙烯了。

在2000多年以前，我们中国人就知道用烟来熏生果子了。熏了以后，可以加快果子的成熟。那时人们曾把生梨放在大缸中，用烟熏后，几天内便熟了，又甜又香。

乙烯利催熟的葡萄

这是为什么呢？谜底在几十年前才被揭开。原来，烟中含有微量的植物生长刺激剂——乙烯，它能“催促”果子早点成熟。

人们发现，当果实开始成熟时，果肉中产生一种气体——乙烯。在未成熟的果实中，乙烯的含量很少；而在成熟的果实中，乙烯的含量就比较多。如果把果实放在充满乙烯的房间里，那么，果实便能很快地成熟。

如今，人们请乙烯来帮助催熟果实：在密闭的仓库里堆满生果实，然后往里通过千分之一左右的乙烯气体。在乙烯的“催促”之下，生西红柿不再需要半个月才成熟，而只要四五天就成熟了；坚硬而又生涩的生柿子，本来要20～30天才能变红变软，失去涩味，在乙烯中，只要2～3天就能变红变软。

不过，乙烯是气体，容易逃逸。近年来，我国试制成功了新的化学催熟剂——“乙烯利”。乙烯利的化学成分为“2－氯乙基磷酸胺”。据试验，用它催熟果实，效果与乙烯一样，但使用方法简便多了，只消把它溶解于水，喷淋在水果上就行了。乙烯利能够催熟果实，是由于它能为果实所吸收，促使果实释放出乙烯，起催熟作用。

熟了的水果运输和保存都不容易。如今，不等水果完全成熟，就可摘下来运到需要的地方，然后放在乙烯里，绿柿子、青香蕉就变成了红柿子、黄香蕉了。这叫做“催熟着色”。

在炼油厂的废气里，就含有许多乙烯。对化学工业来说，乙烯也是非常好的原料，它可以代替粮食来制造酒精，又可以用它来制造聚乙烯塑料，做成轻盈漂亮的茶杯、饭碗和水壶等用具。

争奇斗妍的香料

香水、香脂、香粉散发着扑鼻的馨香；香皂、牙膏、雪花膏、洗头膏散发着清新的留兰香和花香；香油、糖果、汽水、啤酒散发着浓郁的水果香和果实香；香花、香橡皮、香纸片、香贺年片有着沁人心扉的芳香，这些香的东西都离不开香料。

常见的人造香料，大都是芳香族化合物和酯类化合物，可用煤、石油化工得到的产品——苯、乙酸、丁酸、水杨酸、甲醇、乙醇、丙三醇等作原料制取。不同的香料具有不同的化学成分，因而散发出不同的香味。乙酸乙酯具有香蕉香味，乙酸异戊酯具有桔香味，异戊酸异戊酯具有苹果香味，而芳香族化合物一般具有薄荷香味、茴香味或麝香味。

各式香料

所以，我们平时吃的香蕉糖、菠萝糖、桔子糖等并不是这些水果做的，而是在其中加进了具有这些水果香味的香料罢了。

水下喷火

水是可以灭火的，难道水下也能喷出火来？早在 1902 年 3 月 28 日，美国化学家爱默逊为了让自己的学生了解黑色火药的特性，做了下面有趣的实验，使火从水下喷出。

他取硝酸钾 5 份、硫磺粉 2 份、木炭粉 1 份，分别研细，然后混合备用，取一个纸筒，高约 6 厘米、直径为 3 厘米，一端封口，然后用熔融松香在整个纸筒表面涂上一层，这样他向纸筒内装入占筒高 1/4 左右的细沙，再用火药装满，并在火药中插一根引火线，最后把火药压紧。引火线是用棉绳浸透浓硝酸钾溶液，晒干而成。把装好火药的纸筒直立在玻璃杯里，非常小心地沿玻璃杯的边缘向玻璃杯内注入水，直到水的高度接近纸筒的高度为止，这时他用火柴点燃引火线，马上就可以看到火焰从纸筒里喷出来。随着火药的燃烧，纸筒也烧掉了，这时燃烧在水下进行，火药不燃烧完就不会停止，燃烧时火从水中冲出一条通道喷向空中。

实验完毕后，爱默逊解释说：黑火药是由硝酸钾、硫磺、木炭组成的，硫磺、木炭都是可燃物质，硝酸钾在加热时会发生分解反应，放出氧。另外，火药一旦燃烧会放出大量的热，体系的温度很高，可以达到硫、木炭的着火点，这样有可燃物质，温度足够了，又有氧气存在，故反应可在水下进行。在反应过程中产生大量的气体，这些气体的温度高，压力大，足以把水冲开，因此水也无法使可燃物质降温。直到反应进行完为止。实际上，水下爆炸的事例也不少见，如疏通航道时，就是利用炸药在水中将险滩暗礁炸掉，军事上用深水炸弹击毁敌人的潜艇。在化工生产中，有一种加热方法叫做浸没燃烧，它用煤气或油作燃料，在有耐火材料作衬里的燃烧筒中燃烧。燃料和空气分别从燃烧筒的上口进入，混合后向下燃烧，燃烧后的热气体从筒口喷出直接与液体接触，从而使液体被加热。这种加热方法简便，效率高。

黑火药

自动长毛的铝鸭子

找一张铝箔或用一张香烟盒里包装用的铝箔，把它折成鸭子状（注意有铝的一面向外）。

用毛笔蘸硝酸汞溶液，在铝鸭子周身涂刷一遍，或将铝鸭子浸在硝酸汞溶液中洗个澡，再用药水棉花或干净的布条把鸭子身上多余的药液吸掉。几分钟后，你会惊奇地看到鸭子身上竟长出了白茸茸的毛！更奇怪的是，用棉花把鸭子身上的毛擦掉之后，它又会重新长出新毛来。

铝鸭子为什么会长毛呢？长出的毛到底是什么东西呢？

原来，铝是一种较活泼的金属，容易被空气中的氧气所氧化，变成氧化铝。通常的铝制品之所以能免遭氧化，是由于铝制品表面有一层致密的氧化铝外衣保护着。在铝箔的表面涂上硝酸汞溶液以后，硝酸汞穿过保护层，与铝发生置换反应，生成了液态金属——汞。汞能与铝结合成合金，俗称“铝汞齐”。在铝汞齐表面的铝没有氧化铝保护膜的保护，很快被空气中的氧气氧化变成了白色固体氧化铝。当铝汞齐表面的铝因氧化而减少时，铝箔上的铝会不断溶解进入铝汞齐，并继续在表面被氧化，生成白色的氧化铝。最后使铝箔捏成的鸭子长满白毛。

解开魔棍之谜

在魔术表演家表演魔棍自升魔术时，只见他将一根艺术家常用的黑色魔棍向观众展示后，便将魔棍佯托掌心，然后轻轻地向它吹了一口气，魔棍便悠悠地旋转上升了。当魔棍上升几尺许时，魔术家立刻用左手将它取回，并用手反复捏摸了魔棍的上端、下端，表明魔棍上端没有细线上牵，下端也没有东西将棍顶升。魔棍自升，上无牵引，下无顶物。这是怎么回事呢？原来是空气产生的浮力所致。

下面先看看魔棍的制做；先用黑色薄纸卷成一条长尺许、直径为 5.5 ~ 6 厘米左右、中空外直的小园筒，两头可用长 3 厘米左右的香烟薄锡箔纸，另买一条长 30 厘米左右的气皮蕊用线扎紧上口后，再将下口套在蓝球打气筒管口，打进空气使气皮蕊膨胀如手指粗，扎紧下口，放置两天后橡皮管皮质已松驰了。表演前，可先将氢气灌进已很松驰的橡皮蕊内，用线扎紧下口，塞进用纸卷成的魔棍里，再用薄箔封闭下口，表演时，握住魔棍的中段，只要稍一放松，因氢气比空气轻，魔棍便自动上升。

打火石之谜

目前市场上的打火机可以说是五花八门，除了电子打火机外，其余的都装有打火石。

打火石是一种金属合金，其中含有镧、铈并掺合着铁及少量的镁、铝、锡等金属。

镧和铈都是比较活泼的金属，铈在32℃时便可以在干燥的氧气里起火燃烧，所以当打火机上的砂轮轻轻一擦，其摩擦所产生的热量就足以将擦下来的打火石粉末点燃，从而冒出耀眼的火花。

打火石

浑浊水的快速变清法

没有自来水的城镇和乡村，常饮河沟里的水。这种水十分浑浊，经过一夜静置，才能将大的泥沙粒子沉淀下来。如果急用大量澄清水时，我们可以采用明矾净水来解决这个问题，一般十担水用50克明矾就可以了。

为什么明矾能净水呢？因为水中的离子有大有小，大的静置后由于受到重力的作用，很快沉淀了，可是那些小的，却成为胶体离子。胶体离子有一个奇怪的爱好，它时常喜欢从水中吸附某一种离子到它自己的周围，使自己成为一个带有电荷的离子。科学家研究后指出，泥砂胶体离子喜爱的是阴离子，因此是带负电的。由于每个泥沙胶体离子带的电荷都是负电荷，这样当两个离子靠近时，静电斥力会将它们分开，因而它们也没有机会结成较大的粒子沉淀下来。

可是加入明矾后。从明矾中电离出来的铝离子进一步与水反应生成表面积很大而且带正电荷的氢氧化铝胶体，当两种胶体混和时，正、负电荷被中和掉了。这就使它们变得不稳定起来，结果就慢慢结合成较大的粒子沉淀下来，于是水变得很清了。

鸡蛋的化学保鲜法

用石灰水保存鲜蛋是一个巧妙的化学保鲜法。

石灰水是氢氧化钙的水溶液，它是一种强碱，杀菌的能力很强，蛋壳上的细菌只要遇上它，即会一命呜呼。

鲜蛋长期浸在氢氧化钙溶液里，为什么不像皮蛋那样凝固呢？这是因为石灰水中的氢氧化钙能与蛋里呼出的二氧化碳发生反应，生成难溶于水的碳酸钙沉淀，这反应一般在蛋壳的气孔处发生。这样，使蛋壳的气孔堵塞，而使蛋壳密封更为严实。因蛋气孔堵塞，碱就无法向蛋内渗透。故蛋白质不会像皮蛋那样发生蛋白质的凝固作用。

由于蛋壳的气孔堵塞，蛋内的水份和二氧化碳也不能向外蒸发，留在蛋内的二氧化碳还可起着抑制蛋内生化反应和阻止微生物的发展作用。这种内外隔绝和防腐作用，自然可将蛋类保存很久。

采用石灰水保存鲜蛋，方法简单易行，防腐效果好，一般保存 3 个月左右也不会变质，石灰很便宜，因此防腐费用低。既适合大量保存，也适宜于家庭做少量保存。

多变的铜器表面的颜色

铜是人类最早所发现和利用的金属。在历史上，继石器时代之后，出现了铜器时代。人们利用铜制造各种工具。如铜刀、铜锅、铜炉、铜壶以及货币等等。铜在现代工业和人民生活中，仍有着重大作用。

纯铜器表面具有美丽的红色金属光泽，如果把铜器在火上稍稍加热，表面就会变成黑色；如果在潮湿的空气中放置一段时间，它的表面就会出现绿色，俗称铜绿。为什么铜的颜色会一变再变呢？

这是因为铜在普通温度下。在干燥的空气中不容易与空气中的氧作用，所以能较长时间保持美丽的金属光泽。如果加热就能加速与氧起作用，在表面生成黑色氧化铜。

在潮湿的空气中，由于水蒸气、二氧化碳和氧的共同作用，铜的表面就会生成一种绿色的碱式碳酸铜。

铜绿是有毒的，所以为了防止它的产生，铜制的器皿用后，应保存在干燥的环境中。

五彩缤纷的焰火

你知道五彩缤纷的焰火是怎么产生的吗？这要从“本生灯”的焰色试验说起。某些金属盐具有独特的火焰，这是19世纪德国著名化学家本生首先发现的。他在1845年制造了一盏煤气灯，后来被人们称作“本生灯”。

五彩缤纷的焰火

有一次，他偶然把食盐撒在煤气灯的火焰上，突然，爆烈出亮黄色火焰。这种奇特现象，使他想到：是不是每种物质都有固定的焰色呢？于是，他做了一系列焰色试验。用白金丝沾上各种金属盐，分别在本生灯上灼烧。他发现钾盐是淡紫色的，钠盐是橘黄色的，钙盐是砖红色的，锶盐是洋红色的，钡盐是黄绿色的…… 正是这些金属盐在燃烧时发出不同颜色的光芒，才使“金光闪闪”、“空中乐”等等名目繁多的烟火，呈现出五光十色的绚丽景象，为节日增添了欢乐。

当你看到焰火呈现红光时，就会想到这是碳酸锶或者硝酸锶的功劳；

黄光是硝酸钠的缘故；绿光是氯化钡的作用；蓝光是某些铜的化合物在燃烧。五彩缤纷的焰火，就是用各种金属盐配制成的。

液态油的硬化

植物油比动物脂肪来源广泛，因液态油的成分是植物油，固体油的成分是动物油，简称脂肪。在价格上，植物油的价格比动物脂肪低廉。但是在制造肥皂时，必须掺用动物脂肪，这就提高了肥皂的成本。于是人们就想，油是否可以变成脂肪呢？化学家们早就回答了这个问题，可以。

油是怎样变成脂肪的呢？这是因为固体脂肪和液体油的主要区别在于：在油中，油酸甘油酯和不饱和酯肪酸甘油脂占有多数，因而溶点低，在常温下成为液体。如果能使不饱和脂肪酸分子中的双键与氢原了结合，形成饱和的脂肪酯，其溶点就会升高，在常温下是固体，便成了脂肪。化学家们将液体的油通过氢处理便变成了固体的脂肪了。

这种把液态植物油加氢转变为固态脂肪的过程，叫做油脂的氢化或硬化。应用油脂氢化作用，不仅可以满足工业需要，而且可以制造食用脂肪，用于人造奶油方面的制造。

生产与开发

人工降雨

俗话说："天有不测风云。"然而，随着科学技术的不断发展，这种观点已成为过去。几千年来人类"布云行雨"的愿望，如今已成为现实。而首次实现人工降雨的科学家，就是杰出的美国物理化学家欧文·朗缪尔。

欧文·朗缪尔，1881 年 1 月 31 日生于美国纽约市布鲁克林。朗缪尔从小对自然科学和应用技术极感兴趣。他年轻时就有一个伟大的理想：实现人工降雨，使人类摆脱靠天吃饭的命运。

欧文·朗缪尔（1881～1957）

朗缪尔十分理解干旱季节时农民盼雨的心情。面对农民求雨的目光，面对茫茫无际的蓝天，作为一名科学家他进行了理智而科学的探索。他经过深入地研究，终于搞清了其中的奥秘。

原来，地面上的水蒸气上升遇冷凝聚成团便是"云"。云中的微小冰点直径只有 0.01 毫米左右，能长时间地悬浮在空中，当它们遇到某些杂质粒子（称冰核）便可形成小冰晶，而一旦出现冰晶，水汽就会在冰晶表面迅速凝结，使小冰晶长成雪花，许多雪花粘在一起成为雪片，当雪片大到足够重时就从高空滚落下来，这就是降雪。若雪片在下落过程中碰撞云滴，云滴凝结在雪片上，便形成不透明的冰球称为雹。如果雪片下落到温度高于0℃的暖区就融化为水滴，下起雨来。

但是，有云未必就下雨。这是因为云中冰核并不充沛，冰晶的数目太少了。

当时，在人们中流行着一种观点：雨点是以尘埃的微粒为“冰晶”，若要下雨，空气中除有水蒸气外还必须有尘埃微粒。这种流行观点严重地束缚着人们对人工降雨的实验与研究。因为要在阴云密布的天气里扬起满天灰尘谈何容易。

朗缪尔是个治学严谨、注重实践的科学家。他当时是纽约州斯克内克塔迪通用电气公司研究实验室的副主任。在他的实验室里保存有人造云，这就是充满在电冰箱里的水蒸气。朗缪尔想方设法，使冰箱中水蒸气与下雨前大气中水蒸气情况相同。他还不停地调整温度，加进各种尘埃进行实验。

1946 年 7 月中的一天，骄阳当空，酷热难熬。朗缪尔正紧张地进行实验，忽然电冰箱不知因何处设备故障而停止制冷，冰箱内温度降不下去。他决定采用干冰降温。固态二氧化碳气化热很大，在 -60℃时为 87.2 卡/克。常压下能急剧转化为气体，吸收环境热量而制冷，可使周围温度降到 -78℃左右。当他刚把一些干冰放进冰箱的冰室中，一幅奇妙无比的图景出现了：小冰粒在冰室内飞舞盘旋，霏霏雪花从上落下，整个冰室内寒气逼人，人工云变成了冰和雪。

朗缪尔分析这一现象认识到：尘埃对降雨并非绝对必要，干冰具有独特的凝聚水蒸气的作用，即作为“种子”的云中冰晶或冰核。温度降低也是使水蒸气变为雨的重要因素之一，他不断调整加入干冰的量和改变温度，发现只要温度降到 -40℃以下，人工降雨就有成功的可能。朗缪尔发明的干冰布云法是人工降雨研究中的一个突破性的发现，它摆脱了旧观念的束缚。有趣的是，这个突破性的发明，是于炎热的夏天中在电冰箱内取得的。

朗缪尔决心将干冰布云法实施于人工降雨的实践。1946 年时他虽已是 66 岁的老人，但他仍像年轻人一样燃烧着探索自然奥秘的热情。1946 年的一天，在朗缪尔的指挥下，一架飞机腾空而起飞行在云海上空。试验人员将 207 千克干冰撒入云海，就像农民将种子播下麦田。30 分钟以后，狂风骤起，倾盆大雨洒向大地。第一次人工降雨试验获得成功。

朗缪尔开创了人工降雨的新时代。根据过冷云层冰晶成核作用的理论，科学家们又发现可以用碘化银（AgI）等作为“种子”，进行人工降雨。而且从效果看，碘化银比干冰更好。碘化银可以在地上撒播，利用气流上升的作用，飘浮到空中的云层里，比干冰降雨更简便易行。

“人工降雨”行动在战争中作为一种新式的“气象武器”屡见不鲜。美越战争时期，由柬埔寨通往越南的“胡志明小道”车水马龙，国外支援越南人民抗击美帝侵略者的作战物资，靠这条唯一的通道源源不断地送往前线。但那里常常出现暴雨，特大洪水冲断了桥梁，毁坏了堤坝，大批运输车辆挣扎在泥泞的山路上，交通受到了很大的影响，其破坏程度不亚于轰炸。开始越方对这种突如其来的暴雨茫然无知，后来，经多方侦查才知道，这是由美国总统约翰逊亲自批准并实施了六年之久的秘密气象行动，即美国在那条路上空进行了“人工降雨”行动。

“天有可测风云”其含义不仅在于“人工降雨”，它还启发人们能合理地进行人工控制天气。朗缪尔对此也作了研究，他希望在暴风雨来临之前，运用人工控制的方法，将它消灭在萌芽状态。这一设想不仅合理而且可行，现在已得到了广泛应用。

用途广泛的稻壳

长期被当作废物的稻壳，如果通过化学方法处理，就会变成有用的东西。

把稻壳碾碎、筛选、干燥，用胶粘剂、固化剂拌和成坯，再经过热压、裁边、砂光，就成了制造家具的板材。用稻壳为主要原料制成的新颖吊顶材料——天花板，不仅价廉物美，而且具有防火、防蛀、防霉等优点，适用于造船和建筑业，以及潮湿多雨和白蚁众多的地区。

稻壳能加工成多种化工产品。将稻壳放在密闭容器里隔绝空气加热，会变成煤气、糠醛、醋酸、甲醇、丙酮、活性炭、硅酸钠、碳化硅（金刚砂）、草酸等化学药品 。糠醛可以生产出漂亮耐穿的尼龙，也可以用来生产呋喃树脂，再加工成塑料，还能制成药物，如呋喃西林等。醋酸、甲醇、丙酮都是化工生产中的重要原料。稻壳灰中含有95%的二氧化硅。把氢氧化钠和稻壳灰按不同比例混合，然后加热到100℃左右，就能生产出不同等级的水玻璃——硅酸钠，它是造纸、纺织、陶瓷等的原料。科学家还利用稻壳生产出高纯度的廉价硅，这是现代电子工业中最需要的原料。稻壳能加工成分子筛、烧结玻璃材料、绝热材料、填充剂、净水剂、去垢剂等重要工业产品。

稻壳是农业的好帮手。把稻壳直接铺在土地表面，可防止杂草生长，保持土壤温度，有利植物吸收养分，提高抗菌能力。把稻壳炭化制成的海绵状材料，具有极好的吸水性能，平均每千克可以蓄水6.8千克，比泥土的吸水量大1倍多。它具有良好的吸收光线和空气的性能，非常符合植物根部吸收营养的要求。用这种材料配制成人工土，种植黄瓜可比一般栽培法增产一倍。

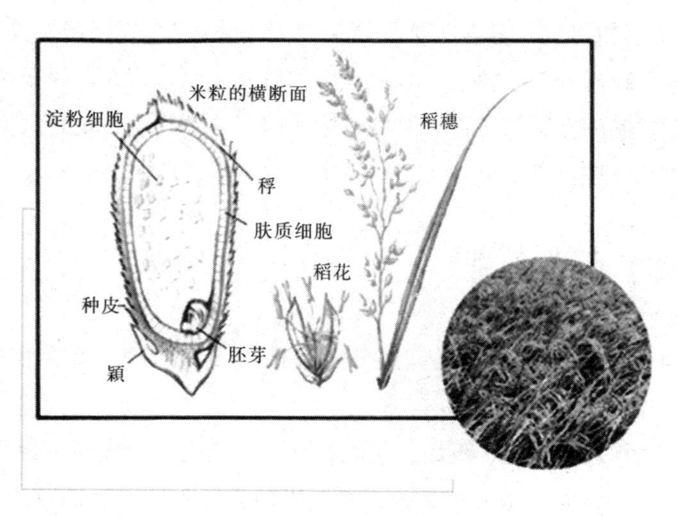

稻子细胞结构图

稻壳的用途还在不断扩大。据估计，全世界每年有5千万吨稻壳，如果全部利用，将获得巨大的财富。

有机界的“骡子”——液晶

有一种新型电子计算器，它有许多本领，既可以用来计算，又能显示日历和时间，若要它定时报信，它又能准时发出“嘟——嘟——”的声音。这许多功能都是在一块小小的屏幕上映现出来。这块屏幕，就是用崭新的显示材料——液晶做成的。

液晶是什么，又是怎样被发现的呢？1888年，澳大利亚有位叫莱尼茨尔的科学家合成了一种奇怪的有机化合物，它有两个熔点。把它的固态晶体加热到145℃时，便熔成液体，只不过是浑浊的，而一切纯净物质熔化的时候却是透明的。如果继续加热到175℃时，它似乎再次熔化，变成清澈透明的液体。后来，德国物理学家列曼把处于“中间地带”的混浊液体，叫做液晶。它好比是既不像马，又不像驴的骡子，所以有人称它为有机界的

液晶显示器

“骡子”。

液晶自被发现以后，人们并不知道它有什么用途，直到1968年，人们才把它作为电子工业上的重要材料。电子表或者计算器中的液晶为什么会显示出数字呢？原来，液晶在正常情况下，它的分子排列很有秩序，是清澈透明的。但是，加上直流电场以后，分子的排列被打乱了，有一部分液晶变得不透明，颜色变深，因而能显示数字和图像。根据液晶会变色的特点，人们便用它来指示温度、报警毒气等。例如，液晶能随着温度的变化，使颜色从红变绿、变蓝。这样可以指示出某个实验中的温度。液晶遇上氯化氢、氢氰酸之类的有毒气体，也会变色。在化工厂里，人们把液晶片挂在墙上，一旦有微量毒气逸出，液晶变色了，就提醒人们赶紧去查漏、堵漏。

能“驯服”橡胶的硫

现代生产、军事工业和日常生活中不可缺少的橡胶，在150多年前，人们还不会制造，只知道从橡胶树中获得生胶，它热天十分柔软，到了冬天却像木板那样硬。把生胶涂在布上，做成胶布雨衣，也只能在温和的季节里才能使用。

1838年，美国人古德伊尔发现，如果把生胶和少量的硫黄一起加热，得到的产品比普通生胶要好得多，无论是冬天还是夏天，都能保持柔软而不粘。这样处理过的橡胶叫做硫化橡胶。现在我们穿的雨鞋，用的自行车胎，戴的橡皮手套等橡胶制品，几乎都是经过硫化处理的。如果加入的硫黄相当多，就会成为硬橡皮。

能驯服橡胶的硫

为什么硫黄会使橡胶变得“驯服”了呢？原来，橡胶分子里的碳原子，像一根碳链条那样，一个接连着一个，这些碳原子又拉住了两个氢原子。这些分子连起来，像一条长长的线，叫做线型结构。如果这种橡胶分子里混入硫黄，并加热，硫黄就能够巧妙地在线型分子链之间架起桥梁，把线型结构的线型分子变成网状结构，使得橡胶的强度成倍地提高。不过，在从生胶加工成橡胶制品，要经过配料、塑炼、混炼、压延、压出、硫化等多道工序。如果加工成轮胎，在成型和硫化两个工序上，同其他的橡胶制品生产工艺又有较大的不同。另外，在配料时，除了要加硫黄外，还需要氧化镁、硫化促进剂、防老剂、补强剂、软化剂和着色剂等，这就像盖楼房，不仅需要砖瓦沙石，还需要钢筋、水泥一样。加了这许多化学原料，再经过加热，橡胶的弹性、强度、耐磨性都有了显著的提高，做成的胶鞋、暖水袋、胶布、雨衣、轮胎等橡胶制品，才富有光泽，经久耐用。

红砖瓦与青砖瓦

砖瓦是一种建筑材料，由普通的黏土制成一定形状，风干后，经过炉窑高温焙烧而成。它有的呈红色，有的呈青色，你知道这其中的奥秘是什么吗？

砖瓦房

原来，砖瓦的颜色与烧制的工艺有着密切的关系。如果工艺方法不同，那么，砖瓦的成分就会发生不同的化学变化，从而使砖瓦的颜色也不同。

砖瓦的主要材料是黏土，在黏土中都有二价铁盐，而二价铁的性质不稳定，在空气中很容易被氧化成三价铁化合物。在烧制过程中，在高温条件下，二价铁被空气中的氧气氧化成三价铁，就生成了三氧化二铁。三氧化二铁的颜色是红棕色的，所以人们看到的砖瓦大多呈红色。

那么，为什么有的砖瓦是青灰色的呢？

烧制青灰色的砖瓦要比烧制红砖瓦多一道工序。在砖瓦窑里当砖瓦坯被烧到一定温度时，不让它慢慢地冷却，而是从砖瓦窑顶上浇进大量的水。这时，水和气化的水蒸气起到了隔绝空气的作用。在缺氧的条件下，煤炭就发生了不完全的燃烧，同时产生了一氧化碳。水碰到灼热的煤炭也会产生一氧化碳和氢气。这些气体都具有还原性，它们能把红色砖瓦中的三氧化二铁还原成黑色的氧化铁和蓝黑色的四氧化三铁，其中还有一些没有完全燃烧的煤炭小颗粒也会渗入到砖瓦里，于是砖瓦就变成青灰色的了。

由于烧制青砖瓦要经过水淋和多次氧化还原反应，因此它的内部结构要比红砖瓦紧密，能耐较强的压力又不易破碎，因此广大农村民间造房仍然喜欢用青砖。

无污染的气体燃料——氢

当今世界上最重要的三大矿物燃料是煤、石油、天然气。它们作为重要的能源，在我们的现代生活中起着不可估量的作用。而煤、石油、天然气在自然界的储量有限，这些矿物燃料循环过程也太长。矿物燃料无法满足日益增长的人类需求。另外矿物燃料燃烧时，生成的一氧化碳、二氧化碳、二氧化硫和粉尘、灰渣等都会污染环境，对地球上的生物造成危害。目前，世界各国的科学家正在寻找新的能源，其中氢气是一种大有发展前途的新燃料。它的主要来源是水，而地球上有丰富的水资源。氢气燃烧后生成水，水又可制成氢气，如此无限循环，循环过程又短。氢气燃烧后生成的水对环境无污染。另外氢气的发热量约为汽油的 3 倍，可以适应于多种用途。

我国于1980年曾研制成功第一辆氢能汽车，行车40千米，时速可达50千米以上。目前，发射火箭已经采用液氢做燃料。

相信将来科学家一定会解决氢气储存问题，用氢能最终代替矿物能源。

水能变成燃料吗

人们常说："水火不相容。"水是最常用的灭火剂，怎么能变成燃料呢？

水是由氢气燃烧而成的。在燃烧过程中，每两个氢原子和一个氧原子化合，生成一个水分子，同时放出大量热能。虽然水的性格十分稳定，但如果我们想方法给水以能量，在一定的条件下，也可迫使水重新分解成氢气和氧气。

将氢气冷却至240℃以下，再加以压力，氢就会变成一种无色的液体，这就是液态氢。液态氢的热值几乎是汽油的3倍，燃烧时又十分干净——不会产生有害气体，因而被人们誉为理想燃料。它是火箭、飞机、轮船、汽车、发电厂的极佳燃料。目前正在研制中的以液态氢为燃料的飞机，最高时速可达到6400千米，这比著名的超音协和式飞机还要快2倍。因此，以水制氢已成为许多国家都十分重视的一个新课题。

在水中通上直流电，可以轻易地将水分解为氢气和氧气。不过，用电解法制得的氢气用于工业用途，用作燃料，是得不偿失的，因为今天的电力成本还较贵。一旦可控热核反应研制成功，电力就会变得十分低廉。到那时，电解法制氢将是一个将低廉电力转变成廉价燃料的简便方法。

太阳每秒钟射到地面上的总能量高达80万亿千瓦，这要比现在全世界的发电总量还要大几万倍，因此人们在以水制氢这个问题上，自然会想到利用天然免费的太阳能。

利用阳光电池将水电解为氢气和氧气，早已成功了。不过由于目前阳光电池的造价还较贵，效率也不高，一般仅有15%左右，因此用阳光电池电解水制氢，成本还是太高。

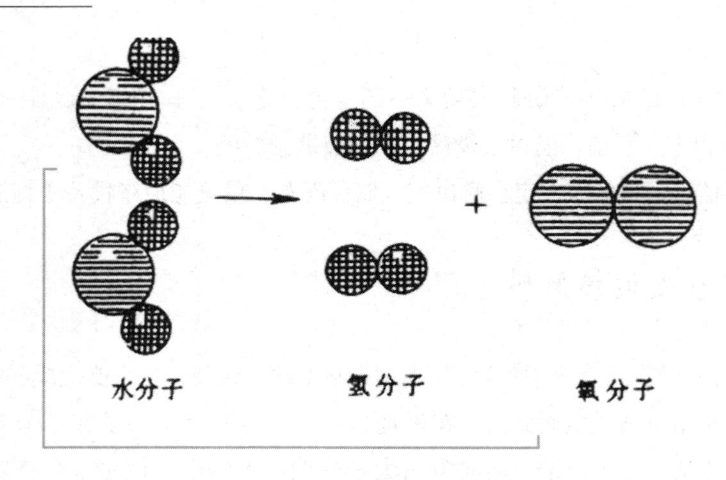

水分解

那么，可不可以利用阳光的热量，将水直接分解成氢气和氧气呢？这是可以的。水在1000℃以上时，会有小部分分解成氢和氧，随着温度的上升，分解的比例也逐渐提高，而今天的太阳灶，在焦点处可获得3000℃～3500℃的高温。

现在，化学家找到了一种在阳光下帮助水分解的催化剂。他们发现：在水中加入一些二氧化钛（里面充满了氧化铁），或者在水中放入一些钌化合物，再用阳光或用汞灯照射，水就会在这种催化剂的催化下，不断分解成氢气和氧气。目前利用太阳能的效率，已达10%左右。这种方法简便经济，很有发展前途。

生物学家也在进行以水制氢的工作，他们发现：有不少藻类，如小球藻、固氮蓝藻、柱袍鱼腥藻和它们的共生植物红萍等，在一定的条件下，都具有光合制氢的本领，其中有些被认为是很有希望用作以水制氢的。

另外，生物学家还找到一种微生物，在阳光照射下，这些微生物在水中会不断的将水分解，放出氢气，然后用容器将氢气收集起来，就能用作燃料。这种微生物对人类是无害的，也不会污染环境，培养的费用也很低，甚至在目前已可采用这种方法达到工业生产的规模。

新时代的材料明星——塑料

在我们身边，窗帘、拖鞋、碗、筷、面盆、杯子、文具盒、钢笔杆、各种包装袋、玩具等，许多都是用塑料做的。在工业、农业、国防、科研等领域，都有塑料用品，将来的塑料楼房，塑料汽车可望用塑料来建造。

我们现在所指的塑料，是指用人工方法合成的具有可塑性能的高分子化合物。

聚乙烯、聚氯乙烯、聚丙烯、聚苯乙烯等属于热塑性塑料，这种塑料受热时软化，可塑制成一定形状，冷却后即将形状固定下来，而且能多次重复加热塑制。

酚醛塑料、氨基塑料、环氧树脂等属于热固性塑料。这类塑料初次受热时变软，可以塑制成一定的形状，但硬化定型后，再加热时不会软化。

环氧树脂薄涂地

塑料由于它的主要原材料来源广泛，生产工艺和设备不太复杂，而产品具有独特的耐热、耐燃、耐磨、耐大多数化学试剂，吸湿性低，电绝缘性能优异，机械强度高，尺寸稳定，价格低廉等优良性能，因此，它已成为机械、电气、电子、通讯、仪表、交通运输、纺织、轻工、建筑、国防等部门和日常生活中不可缺少的材料。

微型电子器的能源——扣式电池

电子手表的问世揭开了国际计时工业的新纪元。它之所以能昼夜走动，靠的是扣式电池。袖珍电子计算器的液晶屏显示数字也靠扣式电池。1958年，心脏起博器首次在瑞典植入人体成功，其能源装置还是扣式电池。

扣式电池是由正极壳、负极盖、绝缘密封圈、负极活性材料和正极活性材料以及电解液等六个部分组成。电子表用的扣式银锌电池，其正极壳和负极盖都是用不锈钢做成的；正极活性物质是氧化银跟少量石墨的混合物，石墨的作用是导电。负极材料是锌汞齐，电解液采用氢氧化钾浓溶液，绝缘密封圈由尼龙注塑成型并涂上密封剂，隔离膜是一种有机高分子材料如羧甲基纤维素。

这种由氧化银跟锌电极在碱性电解质中所构成的原电池，共电动势为1.589伏，因此，像一枚钮扣那样小的扣式电池安装在电子手表中可以使用两年之久。

扣式电池

目前，已经广泛运用的锂电池有锂——二氧化锰电池，锂——聚氟化碳电池以及心脏起博器中常用的锂——碘电池等，电压为普通电池的两倍。可以说，扣式电池的蓬勃发展对电器微型化起着举足轻重的作用。

未来的新能源——人造石油

石油，人称“工业的血液”，是一种用途极为广泛的地下矿产。但地下石油的贮备已无法满足人类日益发展的需要，石油的储量有限，总有一天会被开采尽。因此，科学家们正在大力研究新能源。人造石油的合成，标志着新能源的开发已经发展到了一个崭新阶段。

1980 年南非建立人造石油工厂，每年用 1.2×10^7 吨煤生产 1.5×10^6 吨汽油，意、德、日三国也联合建立了一个日处理 6000 吨煤、生产 1000 ~ 2000 吨汽油的工厂；美国还发明了利用分子筛把甲醇转化为汽油的方法。美、英等发达国家利用木材加工成液体燃料，即木质石油。一吨木材可得 300 千克“石油”。瑞典从 1978 年开始种植能够提取碳氢化合物的“石油树”，到 1990 年种植“石油树”几万公顷。

我国能源以煤为主，科学家们正在积极想办法利用煤来造石油。相信不远的将来，一定能够实现从煤转化为人造石油的梦想。

磁带、磁粉、磁记工业

随着人们生活水平的不断提高，录像机、放像机相继进入寻常百姓家，其发展趋势仍然看好。

音像器材离不开磁带和磁粉。近年来，我国磁记工业发展迅速，磁带年产量高达 600 亿米。高级录像带经测试全部产品的各种性能已达到 TDK 质量标准，这标志着我国磁记工业已跃上了一个新台阶。

无论声音和影像的录与放，都得先把声音和光信号转换变成电信号，藉助磁粉把它记录在磁带上，分别制成录音带或录像带。磁粉的化学成分是氧化铁和氧化铬。

录音（像）磁带的带基一般是由醋酸纤维、聚酯纤维或聚氯乙烯纤维制成。它们都是经过加工的天然高分子或人工合成的高分子材料。然后在这些带基上涂上一层磁粉。

磁带的质量取决于音像的失真度。铬铁带的失真度最小，质量最佳。

新兴的化学肥料——玻璃肥料

从前人们认为植物生长只需要氮、磷、钾等元素。因此，化学肥料中的氮肥、磷肥、钾肥及复合肥料都广泛应用于农业生产。现在经过科学而又精确的分析，发现植物体内含有74种元素之多，其中的60多种含量极少，只占植物自身质量的十万分之几甚至千万分之几，故称为微量元素，其中比较重要的有硼、锌、钼、锰、铜等。它们含量虽微，作用却很大。例如施用硼增加对氮和磷的吸收量；缺锌会影响植物的呼吸作用，还会引起叶斑病，白芽病等病害。小麦、玉米如果缺少锰，叶子会出现红褐色斑点。果树缺锰，叶子也会变黄。

植物对微量元素需要量极少。人们现已研究出用含锌、铜、钼、硼、锰等微量元素的矿石与玻璃在900～1000℃的高温炉内熔融，粉碎得到玻璃肥料。玻璃肥料极难溶于水，但能被植物根分泌的酸溶解、吸收。这种肥料不会随水流失，肥效持久。一般每亩地施用1千克，增产可达10%以上。

新型灯具——卤钨灯

氟、氯、溴、碘在化学上统称卤素。现在人们已经制成的卤钨灯有碘——钨灯和溴——钨灯。碘——钨灯就是在制作灯管时在管内充有纯碘，工作时，从灯丝蒸发出来的钨在管壁处（约900K）与碘分子形成碘化钨分子，并向灯丝处扩散；而灯丝附近温度高达1700K。在这个温度下，碘化钨分解成钨和碘分子，钨原子沉降在灯丝上，游离态碘在灯丝附近向外扩散。灯管内不断进行碘——钨与碘化钨的循环，大大减少了钨的蒸发量，不仅延长了钨丝的寿命，而且它的工作温度可达3400K，明显提高了发光效率。

与普通白炽灯相比，照明用碘钨灯具有体积小，光色好，寿命长等优点。但碘钨灯也有一些缺点。主要表现在：一方面紫红色的碘蒸气会吸收一部分可见光，使灯的色温和发光效率下降；另一方面是碘分子的质量大，灯管内碘蒸气浓度不均匀，局部可能降到不能进行碘钨循环的地步。

卤钨灯

人们从碘——钨循环自然联想到溴——钨循环，因此着手研制溴——钨灯。溴钨灯制成之后，人们发现溴钨灯比碘钨灯的优点更加明显。溴钨灯内充的不是纯溴蒸气，而是溴化氢，因为溴蒸气不仅有红棕色，而且极易腐蚀灯内其它零件。溴化氢在白炽的钨丝附近的高温区分解成溴和氢的单质，其中的溴便与钨丝进行类似碘钨循环那样的溴钨循环。溴化氢是无色气体，不吸收光谱中的可见光部分，因此，在相同情况下，它比碘钨灯的发光效率高4% ~5%；况且溴化氢分子量小，灯管内气体分布均匀，使用时不必像碘钨灯那样一定水平放置；另外，充入溴化氢的工艺比较简单。所以目前在许多方面溴钨灯已取代了碘钨灯。

化学创造的物质——高分子化合物

当石油化工产生后，化学家们作出了更伟大的创举：他们合成了塑料、橡胶和人造纤维。这三大合成材料成为改变人们生活的重大因素。

高分子合成材料是一种新型的化学材料，它的出现改变了人类只能依赖和应用从矿物、动植物中得到的金属、木材、棉、毛、橡胶等天然材料的状况，为人类的生产和科学技术的发展开拓了广阔的道路。

高分子合成工业是一门新兴的工业。19 世纪中叶，人们开始对天然高分子（如纤维素）进行改造以改变其性质。20 世纪初期，开始少量生产合成塑料（如酚醛树脂）和合成橡胶，并用它们作原料来生产绝缘材料、轮胎等。但当时由于缺乏有关基础理论的指导，生产发展比较缓慢。到了 30 年代中期，由于高分子链结构理论的确立，以及对一些有机反应过程的进一步研究，使生产方法大为简化，生产效率提高，高分子各个品种的生产，才如雨后春笋般地发展起来。

从学生用的橡皮到人人需要的雨鞋球鞋，从地上跑的车辆到天上飞的飞机，可以说，人类的生活离不开橡胶制品。合成橡胶是以异戊二烯为单体的聚合物，所以人们采用异戊二烯和 1，3 - 丁二烯等有类似结构的化合物。让它们发生聚合反应得到了各种合成橡胶。

化学纤维和天然纤维都是纺织工业的原料，最初的化学纤维原料，是不能纺织的天然纤维素，经过化学处理，才加工成可以纺织的纤维，叫做人造纤维。人造棉和人造丝都属于这一类。另一类化学纤维原料是煤、石油、天然气和矿石，经过一系列化学反应，合成高分子合成纤维。最常见的合成纤维是尼龙、涤纶、晴纶、丙纶和氯纶。合成纤维虽然有许多优点，但它的吸湿性、透气性差，穿着全部用合成纤维制成的衣服会使人感到闷气。为了改善透气性。常用一种或几种合成纤维与天然纤维或人造纤维制成混纺织物。这样制成的混纺织物，兼有合成纤维、人造纤维和天然纤维的优点，深受人们的欢迎。

在我国，高分子合成工业有着广阔的前景。我国的石油、天然气和煤的储量都很丰富，这为合成材料工业发展提供了有利的条件。人们不仅能大量合成塑料，合成纤维，合成橡胶等材料，还能合成许多高分子化合物，这许多的高分子化合物的合成，为人类提供了物质生活保障。

塑　钢

塑钢门窗

塑钢是对塑钢型材的简称，主要化学成分是 PVC，因此也叫 PVC 型材。是近年来被广泛应用的一种新型的建筑材料，该材料性能优良、加工方便、用途广泛，由于其物理性能如刚性、弹性、耐腐蚀，抗老化性能优异，通常用作是铜、锌、铝等有色金属的佳代用品。在房屋建筑中主要用于平开门窗、护栏、管材和吊顶材料的应用。

塑钢采用多腔结构设计，隔热保温性能卓越，隔音性能也十分良好，即使在闹市区也可以闹中取静，使家中免受噪音干扰

塑钢型材密度大，抗老化，适应烈日暴晒，潮湿等特殊地方使用。另外，多重防水设计使塑钢型材具有非凡的气密性和防水性。

玻璃钢

用玻璃纤维及其织物增强的塑料，质轻而硬，不导电，机械强度高，耐腐蚀。可以代替钢材制造机器零件和汽车、船舶外壳等。

以玻璃纤维或其制品作增强材料的增强塑料，称谓为玻璃纤维增强塑料，或称谓玻璃钢。由于所使用的树脂品种不同，因此有聚酯玻璃钢、环氧玻璃钢、酚醛玻璃钢之称。

玻璃具有硬而易碎，很好的透明性以及耐高温、耐腐蚀等性能；同时

钢铁很硬并且不易碎，也具有耐高温的特点。于是人们开始想，如果能制造一种既具有玻璃的硬度、耐高温、抗腐蚀的性质，又具有钢铁一样坚硬不碎的特点，那这种材料一定会大有用途。

人们经过研究试验，终于制出了这样一种复合材料。它就是能与钢铁比肩而立的玻璃钢。

玻璃钢是近 50 多年来发展迅速的一种复合材料。玻璃纤维的产量的 70% 都是用来制造玻璃钢。玻璃钢硬度高，比钢材轻得多。喷气式飞机上用它作油箱和管道，可减轻飞机的重量。登上月球的宇航员们，他们身上背着的微型氧气瓶，也是用玻璃钢制成的。玻璃钢加工容易，不锈不烂，不需油漆。我国已广泛采用玻璃钢制造各种小型汽艇、救生艇、游艇，以及汽车制造业等，节约了不少钢材。

电影界用玻璃钢来做道具，既方便快捷，又省成本，可以仿制很多种材料效果，受到人们的欢迎。化工厂也采用酚醛树脂的玻璃钢代替不锈钢做各种耐腐蚀设备，大大延长了设备寿命。玻璃钢无磁性，不阻挡电磁波通过。用它来做导弹的雷达罩，就好比给导弹戴上了一副防护眼镜，既不阻挡雷达的“视线”，又起到防护作用 。现在，许多导弹和地面雷达站的雷达罩都是玻璃钢制造的。21 世纪，根据玻璃钢的良好的透波性，随着手机通讯的广泛流行，玻璃钢广泛被应用于制造 2G 和 3G 天线外罩。

玻璃钢椅子

另外，利用玻璃钢良好的可成形性能，外观的可美化性，制作出方柱线罩、仿真石，应用在小区美化方面。人们还把它用来制作各种坚固耐用的生活日常用品。如浴具、厨房用具、梳洗用具等。

陶瓷新材料

陶瓷新材料是利用高科技生产的陶瓷，这种新型材料硬度比钢铁还要大，被誉为“永不磨损的零件”。

陶瓷新材料与一般传统材料相比主要有下列特征：硬度高、耐磨性好、耐高度、耐酸碱、抗腐蚀、抗氧化和绝缘。在矿山、冶金、泥沙运输、输水等行业中大量使用的泥浆泵和各种污水泵，由于长期工作在高温、沙尘、挤压、潮湿环境中，轴瓦很快就被磨损了。而陶瓷轴瓦就能解决这些问题，大大提高轴瓦寿命，减少更换次数，从而降低了生产成本。

陶瓷新材料在工业及医药领域有着广泛的用途，是电池行业、包装机械、制药设备、水泵体等模具及零部件最为理想的替代产品，市场前景广阔。

目前，陶瓷新材料在美、欧、日、澳等发达国家使用已较普遍。有研究表明，一架飞机上的轴承，若全部采用陶瓷轴承，飞机的重量将减轻500千克。陶瓷新材料还用来做人造骨、牙齿。在飞机、汽车、医疗设备、制罐设备、纺织机械等重要的部件上，陶瓷新材料已被广泛使用。

陶瓷新材料的研究在我国始于20世纪60年代，当时只是一般性产品，如陶瓷刀具、压电陶瓷、接插头等。陶瓷运用在大众工业上，是近几年发展起来的。

玉米塑料

饱含淀粉质的玉米经过现代生物技术可生产出无色透明的液体——乳酸，再经过特殊的聚合反应过程生成颗粒状高分子材料——聚乳酸。从玉米中提取的聚乳酸颗粒称为“玉米塑料”，可代替化工塑料粒子，根据不同需要制成建筑墙体板材、包装材料、纺织面料、日用器具、农用地膜、地毯、医用材料、汽车内饰和家庭装饰品等。由这种生物高分子材料制成的物品，废弃后可采用堆肥填埋处理，在自然界微生物的作用下彻底分解为水和二氧化碳，并可当作有机肥施入农田成为植物养料。

"玉米塑料"可广泛应用于工程材料、包装材料、日用器具、农用地膜、家具板材，在医药医疗领域也大有用武之地。"玉米塑料"制成的骨钉、手术缝合线已应用于临床，由于其具有在体内完全降解的特性，不用再施行拔除和拆线等医疗程序。用"玉米塑料"还能制成人造骨骼和人造皮肤的组织工程支架，在其上培植骨细胞或皮肤细胞，当支架材料降解后，人造骨骼和人造皮肤也长成了。利用"玉米塑料"无毒无害可降解的特性，还能制成缓释胶囊，从而改变人们的服药习惯，由于这种缓释胶囊在人体内逐步消化降解，人们吃一颗用缓释胶囊包裹的药物，就能在几天或一星期内持续获得需要的药量。用"玉米塑料"制成的杯碗瓢盆和一次性餐具等，各种产品色泽温润，手感比传统塑料制品更加柔和。

这种能全部降解的生物环保材料可全面取代化工塑料，被视作继金属材料、无机材料、高分子材料之后的"第四类新材料"，在社会和经济发展中具有重要战略意义。

据了解，我国每年生产的传统化工塑料制品达到千万吨，其中相当一部分是农用地膜、马夹袋、饭盒、一次性餐具等，这些东西历经百年不能降解，被称为危害环境的"白色污染"。"玉米塑料"的诞生，将全面取代化工塑料制品，废弃后，一经堆肥填埋处理，可化为无毒无害的农用肥料，生态环境得以改善。如果有 100 个年产 10 万吨"玉米塑料"的厂家，我国将彻底告别"白色污染"。